U0430213

普通高等教育“十三五”规划教材

概率论与数理统计同步辅导

孙艳军　聂　霞　主编

李海霞　李国晖　陈志芳　副主编

科学出版社

北　京

内 容 简 介

本书是普通高等教育“十三五”规划教材《概率论与数理统计》（陈志芳、李国晖主编，科学出版社出版）一书的同步辅导教材．本书按教材各章顺序编排，与教材题号一致．本书的内容由重要概念、定理、公式、典型题型的解题方法与技巧及经典习题选取等部分组成，旨在帮助读者掌握知识要点，学会分析问题的方法技巧，同时提高学习能力及应试能力．

本书可作为少数民族地区高等财经类院校本（专）科生学习“概率论与数理统计”课程的辅导用书，也可作为基础复习阶段的考研数学用书．

图书在版编目(CIP)数据

概率论与数理统计同步辅导/孙艳军，聂霞主编．—北京：科学出版社，2018.8

（普通高等教育“十三五”规划教材）

ISBN 978-7-03-058256-0

Ⅰ．①概…　Ⅱ．①孙…　②聂…　Ⅲ．①概率论-高等学校-教学参考资料　②数理统计-高等学校-教学参考资料　Ⅳ.①O21

中国版本图书馆 CIP 数据核字（2018）第 155450 号

责任编辑：宋丽　袁星星/ 责任校对：王颖

责任印制：吕春珉 / 封面设计：东方人华平面设计部

科学出版社出版

北京东黄城根北街 16 号

邮政编码：100717

http://www.sciencep.com

铭浩彩色印装有限公司印刷

科学出版社发行　各地新华书店经销

*

2018 年 8 月第　一　版　开本：787×1092　1/16

2019 年 1 月第二次印刷　印张：8 1/4

字数：190 000

定价：30.00 元

（如有印装质量问题，我社负责调换〈骏杰〉）

销售部电话 010-62136230　编辑部电话 010-62135397-2047

前　言

概率论与数理统计是近代数学的重要组成部分，同时也是近代经济理论应用与研究的重要工具之一．概率论与数理统计在许多科学领域中都有广泛的应用，如近代物理、自动控制、地震预报和气象预报、工厂产品质量控制、农业试验和公用事业等．特别是概率论与数理统计方法在经济、金融、管理科学领域的深入应用，已极大地改变了经济、金融、管理科学传统的研究方式，成为它们研究与分析的有力工具，可以说，概率论与数理统计已成为从事经济数量分析人员必修的基础课程．

为了适应少数民族地区高等财经类院校本（专）科生学习概率论与数理统计课程的需要，结合陈志芳、李国晖编写的《概率论与数理统计》一书，我们编写了这本配套教材．

本书各章均由四部分组成：

（1）内容提要：该部分对各章的基本概念、定理、公式等进行归纳总结，便于读者掌握各章的知识要点．

（2）典型例题及其分析：该部分选取一些启发性、综合性较强的经典例题，并给出详细的解答，旨在帮助读者掌握例题的思路、方法和技巧，从而举一反三，以不变应万变．

（3）典型习题精练：该部分选取各章重点知识点对应的习题，旨在让读者能够熟练应用所学知识，同时对报考硕士研究生的读者也有一定的帮助．

（4）典型习题参考答案：该部分给出各章每道精选习题的参考答案，供读者参考．

书后附录中另附有数张统计用表，以方便学生解题时查询使用．

本书由孙艳军、聂霞担任主编，李海霞、李国晖、陈志芳担任副主编．具体编写分工如下：第 1 章～第 3 章由孙艳军、陈志芳共同编写，第 4 章～第 6 章由李海霞、陈志芳共同编写，第 7 章和第 8 章由李国晖编写，第 9 章和第 10 章由聂霞编写．在编写过程中，各章内容都经过反复讨论和多次修改．

限于编者的水平，书中难免存在疏漏和不足之处，敬请广大读者对本书提出宝贵的意见与建议，对不妥之处提出批评指正．

编　者

2018 年 5 月

目　录

第 1 章　随机事件及其概率 …… 1

一、内容提要 …… 1

二、典型例题及其分析 …… 5

三、典型习题精练 …… 9

四、典型习题参考答案 …… 10

第 2 章　随机变量及其分布 …… 12

一、内容提要 …… 12

二、典型例题及其分析 …… 16

三、典型习题精练 …… 20

四、典型习题参考答案 …… 22

第 3 章　多维随机变量及其分布 …… 25

一、内容提要 …… 25

二、典型例题及其分析 …… 30

三、典型习题精练 …… 36

四、典型习题参考答案 …… 37

第 4 章　随机变量的数字特征 …… 40

一、内容提要 …… 40

二、典型例题及其分析 …… 45

三、典型习题精练 …… 48

四、典型习题参考答案 …… 49

第 5 章　大数定律与中心极限定理 …… 50

一、内容提要 …… 50

二、典型例题及其分析 …… 51

三、典型习题精练 …… 52

四、典型习题参考答案 …… 52

第 6 章　抽样与抽样分布 …… 53

一、内容提要 …… 53

二、典型例题及其分析 …… 59

三、典型习题精练 …… 61
四、典型习题参考答案 …… 61

第 7 章　参数估计 …… 63

一、内容提要 …… 63
二、典型例题及其分析 …… 65
三、典型习题精练 …… 68
四、典型习题参考答案 …… 69

第 8 章　假设检验 …… 70

一、内容提要 …… 70
二、典型例题及其分析 …… 72
三、典型习题精练 …… 75
四、典型习题参考答案 …… 76

第 9 章　方差分析 …… 78

一、内容提要 …… 78
二、典型例题及其分析 …… 87
三、典型习题精练 …… 89
四、典型习题参考答案 …… 91

第 10 章　回归分析 …… 92

一、内容提要 …… 92
二、典型例题及其分析 …… 97
三、典型习题精练 …… 100
四、典型习题参考答案 …… 102

附录 …… 103

附录 1　综合测试题 …… 103
附录 2　《概率论与数理统计》历年考研真题精选 …… 106
附录 3　统计用表 …… 112

参考文献 …… 123

第 1 章　随机事件及其概率

一、内容提要

（一）随机试验、随机事件与样本空间

1. 随机试验

带有明确的目的性对随机现象进行观察的过程叫作随机试验，简称试验，通常用字母 E 表示.

2. 样本点

随机试验的每一个可能结果称为样本点，用 ω 表示.

3. 样本空间

样本点全体组成的集合称为样本空间，用 Ω 表示.

4. 随机事件

随机事件就是样本空间的子集，或者说随机事件就是试验结果的集合，通常用大写英文字母 A，B，$C\cdots$表示.

（1）基本事件：只含有一个试验结果（样本点）的事件称为基本事件.

（2）必然事件：每次试验必然发生的事件称为必然事件，它是包含样本空间所有元素的事件，用 Ω 表示.

（3）不可能事件：每次试验一定不会发生的事件称为不可能事件，它是不包含任何元素的空集，用 $\varnothing$ 表示.

（二）事件的关系和运算

1. 定义

事件的关系：包含、相等、相容、对立；事件的运算：和（并）、差、交（积）.

（1）包含：如果事件 A 发生必然导致事件 B 发生，即属于 A 的每一个样本点都属于 B，则称事件 B 包含事件 A，或称事件 A 包含于事件 B，记作 $B\supset A$ 或 $A\subset B$.

（2）相等：如果事件 A 包含事件 B，同时事件 B 也包含事件 A，称事件 A 与 B 相等，即 A 与 B 中的样本点完全相同，记作 $A=B$.

（3）和（并）：两个事件 A，B 中至少有一个发生，称为事件 A 与 B 的并事件或和运算，它是属于 A 和 B 的所有样本点构成的集合，记作 $A+B$ 或 $A\cup B$.

特别地，n 个事件 A_1，A_2，…，A_n 中至少有一个发生时，称为 n 个事件 A_1，A_2，…，A_n 的和，记作 $A_1+A_2+\cdots+A_n$ 或 $A_1\cup A_2\cup\cdots\cup A_n$；设可列个事件 A_1，A_2，…，A_n，…中

至少有一个发生，也称为事件 A_1，A_2，…，A_n，…的和，记作

$$\bigcup_{i=1}^{\infty} A_i \text{ 或 } \sum_{i=1}^{\infty} A_i .$$

（4）交：两个事件 A 与 B 同时发生，称为事件 A 与 B 的交事件或积运算，它是由 A 与 B 的所有共同样本点构成的集合，记作 AB 或 $A\cap B$.

特别地，

$$\bigcap_{i=1}^{\infty} A_i \text{ 或 } A_1A_2\cdots A_i\cdots$$

表示事件 A_1, A_2, …, A_i, …同时发生或者同时出现.

（5）差：事件 A 发生而事件 B 不发生是一个事件，称为事件 A 与 B 的差，它是由属于 A 但不属于 B 的那些样本点构成的集合，记作 $A-B$，显然 $A-B=A-AB=A\overline{B}$.

（6）相容：若 $AB\neq\varnothing$，则称事件 A 和 B 相容；若 $AB=\varnothing$，则称事件 A 与 B 互不相容（或称事件 A 与 B 互斥）.

（7）对立事件：事件“非 A”称为 A 的对立事件，它是由样本空间中所有不属于 A 的样本点组成的集合，记作 $\overline{A}$，显然有 $A+\overline{A}=\Omega$，$A\overline{A}=\varnothing$，$\overline{A}=\Omega-A$，$\overline{\overline{A}}=A$.

（8）完备事件组：若事件 A_1, A_2, …, A_n 为两两互不相容事件，并且 $A_1+A_2+\cdots+A_n=\Omega$，则称 A_1, A_2, …, A_n 构成一个完备事件组或构成样本空间的一个划分. 换句话说，如果有限个或可列个事件 A_1，A_2，…，A_n，…两两不相容，并且“所有事件的和”是必然事件，则称它们构成完备事件组.

（9）文氏图：事件的关系和运算可以用文氏图形象地表示出来（图 1.1），图中的矩形表示必然事件 Ω.

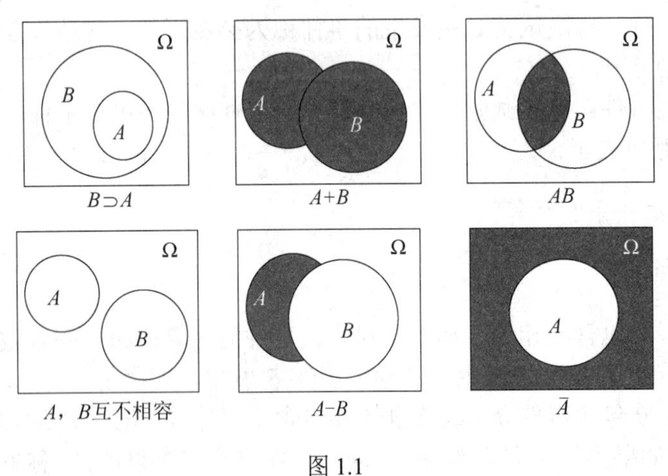

图 1.1

2. 事件运算的基本性质

对于任意事件 A，B，C，A_1，A_2，…，A_n，…，都有

（1）交换律：

$$A+B=B+A,\ AB=BA .$$

（2）结合律：

$$A+B+C=A+(B+C)=(A+B)+C\ ;$$
$$ABC=A(BC)=(AB)C\ .$$

（3）分配律：

$$A(B+C)=AB+AC\ ;$$
$$A\left(A_1+\cdots+A_n+\cdots\right)=AA_1+\cdots+AA_n+\cdots.$$

（4）对偶律：

$$\overline{A+B}=\overline{A}\,\overline{B};\quad \overline{AB}=\overline{A}+\overline{B}\ ;$$
$$\overline{A_1+A_2+\cdots+A_n+\cdots}=\overline{A}_1\overline{A}_2\cdots\overline{A}_n\cdots;$$
$$\overline{A_1A_2\cdots A_n\cdots}=\overline{A}_1+\overline{A}_2+\cdots+\overline{A}_n+\cdots.$$

（三）概率的定义和基本性质

1. 概率的定义

（1）概率的统计定义：在不变的条件下，重复进行 n 次试验，事件 A 发生的频率稳定地在某一常数附近摆动，且一般说来，n 越大摆动幅度越小，则称这个常数为事件 A 的概率，记作 $P(A)$.

（2）概率的古典定义：若试验结果一共由 n 个基本事件 A_1，A_2，…，A_n 组成，并且这些事件的出现具有相同的可能性，而事件 A 由其中 m 个基本事件 A_1，A_2，…，A_m 组成，则事件 A 发生的概率可以用下式计算

$$P(A)=\frac{A\text{所包含的基本事件个数}}{\text{样本空间所包含的基本事件个数}}=\frac{m}{n}.$$

（3）条件概率：在事件 A 已经发生的条件下，事件 B 发生的概率，称为事件 B 在给定事件 A 下的条件概率，简称 B 关于 A 的条件概率，记作 $P(B\mid A)$. 相应地，把 $P(A)$ 称为无条件概率.

事件 B 关于事件 A 的条件概率定义为

$$P(B\mid A)=\frac{P(AB)}{P(A)}\ .$$

2. 概率的运算法则和基本公式

（1）非负性：$0\leqslant P(A)\leqslant 1$.

（2）规范性：$P(\Omega)=1$，$P(\varnothing)=0$.

（3）可加性：对于任意有限或可列个两两不相容的事件 A_1，A_2，…，A_n，…，有

$$P(A_1+A_2+\cdots+A_n+\cdots)=P(A_1)+P(A_2)+\cdots+P(A_n)+\cdots.$$

（4）对立事件的概率：$P(\overline{A})=1-P(A)$.

（5）减法公式：$P(A-B)=P(A)-P(AB)$.

（6）加法公式：对于任意两个事件 A，B，都有

$$P(A+B)=P(A)+P(B)-P(AB)\ ,$$

特别地，当 A，B 互斥时，有

$$P(A+B)=P(A)+P(B).$$

对于任意三个事件 A，B，C，有

$$P(A+B+C)=P(A)+P(B)+P(C)-P(AB)-P(AC)-P(BC)+P(ABC).$$

（7）乘法公式：

$$P(AB)=P(A)P(B|A),$$

$$P(A_1A_2\cdots A_n)=P(A_1)P(A_2|A_1)\cdots P(A_n|A_1A_2\cdots A_{n-1}).$$

（8）全概率公式：设 A_1，A_2，…，A_n 构成完备事件组，则对于任意事件 B，有

$$P(B)=\sum_{i=1}^{n}P(A_i)P(B|A_i).$$

（9）贝叶斯公式：设 A_1，A_2，…，A_n 构成完备事件组，则当 $P(B)>0$ 时，有

$$P(A_i|B)=\frac{P(A_i)P(B|A_i)}{P(B)}=\frac{P(A_i)P(B|A_i)}{\sum_{k=1}^{n}P(A_k)P(B|A_k)}\quad(1\leqslant i\leqslant n).$$

（四）事件的独立性和独立试验

1. 事件的独立性

（1）若 $P(AB)=P(A)P(B)$，则称事件 A 和 B 相互独立.

（2）对于三个事件 A，B，C，若四个等式：

$$P(AB)=P(A)P(B),\quad P(AC)=P(A)P(C),$$

$$P(BC)=P(B)P(C),\quad P(ABC)=P(A)P(B)P(C).$$

同时成立，则称事件 A，B，C 相互独立.

（3）设 A_1，A_2，…，A_n 为 $n(n>2)$ 个事件，若对其任何组合 $1\leqslant i<j<\cdots\leqslant n$，有

$$P(A_iA_j)=P(A_i)P(A_j)$$

$$P(A_iA_jA_k)=P(A_i)P(A_j)P(A_k)$$

$$\cdots$$

$$P(A_1A_2\cdots A_n)=P(A_1)P(A_2)\cdots P(A_n)$$

成立，则称事件 A_1，A_2，…，A_n 相互独立.

2. 事件的独立性的性质

（1）若事件 A 与 B 独立，则事件 A 与 $\overline{B}$、事件 $\overline{A}$ 与 B、事件 $\overline{A}$ 与 $\overline{B}$ 也相互独立.

（2）若 A 与 B 都是正概率事件，则它们相互独立的充分必要条件为 $P(A|B)=P(A)$.

（3）设 A 与 B 都是正概率事件，若 $P(A|B)=P(A)$，则必有 $P(B|A)=P(B)$.

（4）若 A_1，A_2，…，A_n 是 n 个相互独立的事件，把 n 个事件分成互不相交的若干组，每个组内的事件经过运算后都将产生一个新事件，则这些新事件之间也是相互独立的.

（5）若 A_1，A_2，…，A_n 是 n 个相互独立的事件，则

$$P\left(\sum_{i=1}^{n}A_i\right)=1-P(\overline{A}_1)P(\overline{A}_2)\cdots P(\overline{A}_n).$$

3. 试验的独立

（1）独立试验：如果分别与各个试验相联系的任意 n 个随机事件之间相互独立，则称试验 E_1，E_2,⋯，E_n 为相互独立的.

（2）独立重复试验："独立"表示"与各试验相联系的事件之间相互独立"，"重复"表示"每个事件在各次试验中出现的概率不变".

（3）伯努利试验：只计"成功"和"失败"两种对立结局的试验，称为伯努利试验. 将一个伯努利试验独立地重复 n 次，称为 n 次（n 重）伯努利试验，也简称伯努利试验.

（4）伯努利试验的特点：

① 只有两种对立的结果；

② 各次试验相互独立；

③ 各次试验成功的概率相同.

（5）伯努利定理：设一次试验中事件 A 发生的概率为 $p(0<p<1)$，n 重伯努利试验中，事件 A 恰好发生 k 次的概率用 $p_n(k)$ 表示，则

$$p_n(k)=\mathrm{C}_n^k p^k(1-p)^{n-k}，k=0，1，\cdots，n.$$

（五）事件概率的计算

（1）直接计算：古典型和几何型.

（2）用频率估计概率：当 n 充分大时，用 n 次独立重复试验中事件出现的频率，估计在每次试验中事件的概率.

（3）概率的推算：利用概率的性质、基本公式和事件的独立性，由简单事件的概率推算较复杂事件的概率.

（4）利用概率分布：利用随机变量的概率分布，计算与随机变量相联系的事件的概率（见第 2 章）.

二、典型例题及其分析

例 1.1　一个工人生产了三个零件，以事件 A_i 来表示他生产的第 i 个零件是合格品（$i=1，2，3$），试用 A_i（$i=1，2，3$）表示下列事件：

（1）只有第一个零件是合格品 B_1；

（2）三个零件中只有一个合格品 B_2；

（3）第一个是合格品，但后两个零件中至少有一个次品 B_3；

（4）三个零件中最多只有两个合格品 B_4；

（5）三个零件都是次品 B_5；

（6）三个零件中最多有一个次品 R_6.

【解】（1）B_1 等价于"第一个零件是合格品，同时第二个和第三个都是次品"，故有 $B_1=A_1\overline{A}_2\overline{A}_3$.

（2）B_2 等价于"第一个是合格品而第二、三个是次品"或"第二个是合格品而第一、

三个是次品”或“第三个是合格品而第一、二个是次品”，故有

$$B_2 = A_1\overline{A}_2\overline{A}_3 \cup \overline{A}_1 A_2 \overline{A}_3 \cup \overline{A}_1\overline{A}_2 A_3 .$$

（3）$B_3 = A_1(\overline{A}_2 \cup \overline{A}_3)$.

（4）事件 B_4 的逆事件是“三个零件都是合格品”，故 $B_4 = \overline{A_1 A_2 A_3}$. 或者与 B_4 等价的事件还可以是“三个零件中至少有一个次品”，于是 $B_4 = \overline{A}_1 \cup \overline{A}_2 \cup \overline{A}_3$.

（5）$B_5 = \overline{A}_1\overline{A}_2\overline{A}_3$ ，当然也可以利用事件“三个零件中至少有一个合格品”的逆事件与 B_5 等价，得出 $B_5 = \overline{A_1 \cup A_2 \cup A_3}$.

（6）B_6 等价于“三个事件中无次品”或“三个零件中只有一个次品”，故有

$$B_6 = A_1 A_2 A_3 \cup \overline{A}_1 A_2 A_3 \cup A_1 \overline{A}_2 A_3 \cup A_1 A_2 \overline{A}_3 .$$

另外，也可以利用 B_6 与事件“三个零件中至少有两个合格品”等价，可得 $B_6 = A_1A_2 \cup A_2A_3 \cup A_1A_3$.

例 1.2　已知袋中有 α 个白球及 β 个黑球.

（1）从袋中任取 $a+b$ 个球，试求所取的球恰含有 a 个白球和 b 个黑球的概率 $(a \leqslant \alpha,\ b \leqslant \beta)$;

（2）从袋中依次取出 $k+1$ $(k+1 \leqslant \alpha+\beta)$ 个球，如果每个球被取出后不放回，试求最后取出的球是白球的概率.

【解】（1）从 $\alpha+\beta$ 个球中取出 $a+b$ 个球，这种取法总共有 $\mathrm{C}_{\alpha+\beta}^{a+b}$ 种. 设 $A=\{$恰好取中 a 个白球和 b 个黑球$\}$，故 A 中所含样本总数为 $\mathrm{C}_{\alpha}^{a} \cdot \mathrm{C}_{\beta}^{b}$ ，从而

$$P(A) = \frac{\mathrm{C}_{\alpha}^{a} \cdot \mathrm{C}_{\beta}^{b}}{\mathrm{C}_{\alpha+\beta}^{a+b}} .$$

（2）从 $\alpha+\beta$ 个球中连续不放回地取出 $k+1$ 个球，由于注意了次序，所以应考虑排列，因此这样的取法共有 $\mathrm{A}_{\alpha+\beta}^{k+1}$ 种. 设 $B=\{$最后取出的球为白球$\}$，则 B 中所含样本点数可以通过乘法原理来计算，即先从 α 个白球中任意取一个（即第 $k+1$ 个球为白球），有 α 种取法；而其余地 k 个在余下的 $\alpha+\beta-1$ 个中任取 k 个，有 $\mathrm{A}_{\alpha+\beta-1}^{k}$ 种取法（同样要考虑排列），因而 B 中包含的样本点共有 $\alpha\mathrm{A}_{\alpha+\beta-1}^{k}$ 个，故

$$P(B) = \frac{\alpha \mathrm{A}_{\alpha+\beta-1}^{k}}{\mathrm{A}_{\alpha+\beta-1}^{k+1}} = \frac{\alpha}{\alpha+\beta} .$$

例 1.3　一次掷 10 颗骰子，已知至少出现一个一点，问至少出现两个一点的概率是多少？

【解】该问题是一个典型地条件概率的题目，由于“至少出现两个一点”包含了在同一条件下恰好出现“两个一点”“三个一点”…“10 个一点”9 种情形，因此考虑其对立事件会比较简便.

设 $A=\{$至少出现一个一点$\}$， $B=\{$至少出现两个一点$\}$，则所求概率为

$$P(B \mid A) = 1 - P(\overline{B} \mid A) = 1 - \frac{P(\overline{B}A)}{P(A)} .$$

又由 $\overline{B}=\{$至多出现一个一点$\}$，则 $\overline{B}A=\{$恰好出现一个点$\}$，于是

$$P(\overline{B}A)=\frac{10\times5^9}{6^{10}}\approx0.3230,$$

且

$$P(A)=1-P(\overline{A})=1-\frac{5^{10}}{6^{10}}\approx0.8385,$$

所以

$$P(B\mid A)=1-\frac{P(\overline{B}A)}{P(A)}\approx1-\frac{0.3230}{0.8385}\approx0.6148.$$

例 1.4　设 A，B 为任意两个随机事件，且 $P(A)=p$， $P(AB)=P(\overline{A}\overline{B})$，求 $P(B)$.

【解】由于

$$\begin{aligned}P(\overline{A}\overline{B})&=P(\overline{A\cup B})=1-P(A\cup B)\\&=1-\left[P(A)+P(B)-P(AB)\right],\end{aligned}$$

又由于 $P(AB)=P(\overline{A}\overline{B})$ 且 $P(A)=p$，故

$$P(B)=1-P(A)=1-p.$$

例 1.5　对某一目标依次进行三次独立射击，设第一、二、三次射击的命中率分别为 0.4，0.5 和 0.7，试求：

（1）三次射击中恰好有一次命中的概率；

（2）三次射击中至少有一次命中的概率.

【解】令

$$A_i=\{\text{第}\,i\,\text{次射击命中目标}\},\ i=1,\ 2,\ 3,$$

$$B=\{\text{三次中恰好有一次命中}\},\ C=\{\text{三次中至少有一次命中}\},$$

则

$$B=A_1\overline{A}_2\overline{A}_3\cup\overline{A}_1A_2\overline{A}_3\cup\overline{A}_1\overline{A}_2A_3,$$

$$C=A_1\cup A_2\cup A_3.$$

由 A_1，A_2，A_3 的独立性，知

（1）
$$\begin{aligned}P(B)&=P(A_1\overline{A}_2\overline{A}_3)+P(\overline{A}_1A_2\overline{A}_3)+P(\overline{A}_1\overline{A}_2A_3)\\&=P(A_1)P(\overline{A}_2)P(\overline{A}_3)+P(\overline{A}_1)P(A_2)P(\overline{A}_3)+P(\overline{A}_1)P(\overline{A}_2)P(A_3)\\&=0.4\times0.5\times0.3+0.6\times0.5\times0.3+0.6\times0.5\times0.7\\&=0.36.\end{aligned}$$

（2）
$$\begin{aligned}P(B)&=P(A_1\cup A_2\cup A_3)=1-P(\overline{A_1\cup A_2\cup A_3})\\&=1-P(\overline{A}_1\overline{A}_2\overline{A}_3)=1-0.6\times0.5\times0.3=0.91.\end{aligned}$$

例 1.6　已知玻璃杯成箱出售，每箱 20 只，假设各箱含 0，1，2 只残次品的概率分别为 0.8，0.1，0.1，某顾客欲购一箱玻璃杯，在购买时，售货员随意取一箱，而顾客开箱随机地查看 4 只，若无残次品，则买下该箱玻璃杯，否则退回，试求：

（1）顾客买下该箱的概率 α；

（2）在顾客买下的一箱中，确实没有残次品的概率 β.

【解】设事件 $A=\{$顾客所查看的一箱$\}$，$B_i=\{$售货员取的箱中恰好有 i 件残次品$\}$，

其中$i=1, 2, 3$，显然B_0，B_1，B_2构成一个完备事件组，且

$$P(B_0)=0.8,\quad P(B_1)=0.1,\quad P(B_2)=0.1,$$

$$P(A\mid B_0)=1,\quad P(A\mid B_1)=\frac{C_{19}^4}{C_{20}^4}=\frac{4}{5},\quad P(A\mid B_2)=\frac{C_{18}^4}{C_{20}^4}=\frac{12}{19}.$$

（1）由全概率公式，得

$$\alpha=P(A)=\sum_{i=0}^{2}P(B_i)P(A\mid B_i)$$

$$=0.8\times1+0.1\times\frac{4}{5}+0.1\times\frac{12}{19}\approx0.94.$$

（2）由贝叶斯公式，得

$$\beta=P(B_0\mid A)=\frac{P(B_0)P(A\mid B_0)}{P(A)}\approx\frac{0.81\times1}{0.94}\approx0.85.$$

例 1.7　设有甲、乙、丙三门大炮同时独立地向某目标射击，每门大炮的命中率分别为0.2，0.3和0.5，目标被命中一发而击毁的概率为0.2，被命中两发而击毁的概率为0.6，被命中三发而击毁的概率为0.9，求：

（1）三门炮在一次射击中击毁目标的概率；

（2）在目标被击毁的条件下，只由甲炮击中的概率.

【解】设事件A_1，A_2，A_3分别表示甲、乙、丙炮击中目标，D表示目标被击毁，H_i表示由$i(i=1, 2, 3)$门大炮同时击中目标，则由题设可得

$$P(A_1)=0.2,\quad P(A_2)=0.3,\quad P(A_3)=0.5,$$

$$P(D\mid H_1)=0.2,\quad P(D\mid H_2)=0.6,\quad P(D\mid H_3)=0.9.$$

由于A_1，A_2，A_3相互独立，故

$$\begin{aligned}P(H_1)&=P(A_1\overline{A}_2\overline{A}_3\cup\overline{A}_1A_2\overline{A}_3\cup\overline{A}_1\overline{A}_2A_3)\\&=P(A_1)P(\overline{A}_2)P(\overline{A}_3)+P(\overline{A}_1)P(A_2)P(\overline{A}_3)+P(\overline{A}_1)P(\overline{A}_2)P(A_3)\\&=0.2\times0.7\times0.5+0.8\times0.3\times0.5+0.8\times0.7\times0.5\\&=0.47.\end{aligned}$$

同理，

$$P(H_2)=P(A_1A_2\overline{A}_3\cup A_1\overline{A}_2A_3\cup A_1\overline{A}_2A_3)=0.22,$$

$$P(H_3)=P(A_1A_2A_3)=0.03.$$

（1）由全概率公式，得

$$P(D)=\sum_{i=1}^{3}P(H_i)P(D\mid H_i)$$

$$=0.47\times0.2+0.22\times0.6+0.03\times0.9=0.253.$$

（2）由贝叶斯公式，得

$$P(A_1\overline{A}_2\overline{A}_3\mid D)=\frac{P(A_1\overline{A}_2\overline{A}_3D)}{P(D)}$$

$$=\frac{P(A_1\overline{A}_2\overline{A}_3)P(D\mid A_1\overline{A}_2\overline{A}_3)}{P(D)}=0.0554.$$

三、典型习题精练

1．写出下列随机试验的样本空间：

（1）同时掷两颗骰子，记录两颗骰子的点数；

（2）某车间生产产品，直到得到 5 件正品为止，记录生产产品的总件数；

（3）在单位圆内任取一点，记录它的坐标；

（4）一单位长的木棍随机截为三段，记录各段的长度．

2．设 A，B，C 为 3 个事件，试用 A，B，C 的运算关系表示下列事件：

（1）A 发生，B 与 C 不发生；

（2）A 与 B 都发生，C 不发生；

（3）A，B，C 都发生；

（4）A，B，C 都不发生；

（5）A，B，C 不都发生；

（6）A，B，C 中至少有 1 个发生；

（7）A，B，C 中至少有 2 个发生．

3．若事件 A，B，C 满足 $A+C=B+C$，试问 $A=B$ 是否成立？请举例说明．

4．设 A，B 为任意两个事件，则 $A\subset B$、$\overline{B}\subset\overline{A}$、$A\overline{B}=\varnothing$、$\overline{A}B=\varnothing$ 是否与 $A\cup B=B$ 等价，请说明理由．

5．设 A，B 是任意两个事件，若 $AB=\varnothing$，则 $\overline{A}$ 与 $\overline{B}$ 是否相容？$\overline{A}$ 与 B 是否相容？请说明理由．

6．袋中装有标有 1，2，…，n 号的球各一个，采用有放回和不放回两种方式摸球，试求在不同方式下第 k 次摸球时首次摸到 1 号球的概率．

7．将 3 个形状相同的球随机放入 4 个盒中，假定每个盒能容纳的球不限，求有 3 个盒中各有 1 个球的概率．

8．袋中放有 2 个伍分、3 个贰分和 5 个壹分的硬币，任取其中 5 个，求总数超过壹角的概率．

9．从 n 双不同的鞋子中任取 $2r(2r<n)$ 只，试求下列事件发生的概率．

（1）没有成双的鞋子；

（2）恰有一双鞋子；

（3）恰有两双鞋子；

（4）有 r 双鞋子．

10．在区间(0，1)中随机取两个数，求这两个数之差的绝对值小于 $\dfrac{1}{2}$ 的概率．

11．对于事件 A,B,C，已知 $P(A)=P(B)=P(C)=\dfrac{1}{4}$，$P(AB)=P(BC)=0$，$P(AC)=\dfrac{1}{8}$，试求 A，B，C 中全少有一个发生的概率．

12．设 $P(A)=P(B)=\dfrac{1}{2}$，试证 $P(AB)=P(\overline{\overline{A}\overline{B}})$．

13．已知 $P(A)=0.5$，$P(A-B)=0.1$，求 $P(\overline{AB})$．

14．若 $B\subset A$，$C\subset A$，且 $P(A)=0.9$，$P(\overline{B}\cup\overline{C})=0.8$，求 $P(A-BC)$．

15．若 A，B 为任意两个随机事件，则判断 $P(AB)$ 与 $\dfrac{P(A)+P(B)}{2}$ 的大小关系．

16．掷三颗骰子，已知所得三个点数都不一样，求这三个点数中含有 1 点的概率．

17. 设 A,B 为任意两个随机事件，且 $P(B)>0$，$P(A|B)=1$，则判断 $P(A\cup B)$ 与 $P(A)$ 的大小关系．

18．设甲袋中有 a 只白球 b 红球，乙袋中有 m 只白球 n 红球，现从甲袋中任取一球放入乙袋中，再从乙袋中任取一球，求最后取到的球是白球的概率．

19．已知装有 m ($m\geqslant 3$) 只白球和 n 只黑球的罐子中遗失了一球，但不知颜色，今随机地从罐中取出两个球，如果这两个球都是白球，求遗失的是白球的概率．

20．设 A，B 为两个相互独立的事件，$P(A-B)=0.3$，$P(B)=0.5$，求 $P(B-A)$．

21．加工某一零件共需经过四道工序，设第一、二、三、四道工序的次品率分别是 2%，3%，5%，3%，假定各道工序互不影响，求所加工零件的次品率．

22．已知事件 A 与事件 B 相互独立且互不相容，求 $\min\{P(A),\ P(B)\}$．

23．进行一系列独立试验，每次试验成功的概率均为 p，试求以下事件的概率：

（1）在 n 次试验中取得 $r(1\leqslant r\leqslant n)$ 次成功；

（2）直到第 r 次试验才成功；

（3）第 r 次成功之前恰好失败 k 次；

（4）直到第 n 次试验才取得 $r(1\leqslant r\leqslant n)$ 次成功．

四、典型习题参考答案

1．（1）
$$\begin{aligned}\Omega=\{&(1,1),(1,2),(1,3),(1,4),(1,5),(1,6),\\&(2,1),(2,2),(2,3),(2,4),(2,5),(2,6),\\&(3,1),(3,2),(3,3),(3,4),(3,5),(3,6),\\&(4,1),(4,2),(4,3),(4,4),(4,5),(4,6),\\&(5,1),(5,2),(5,3),(5,4),(5,5),(5,6),\\&(6,1),(6,2),(6,3),(6,4),(6,5),(6,6)\};\end{aligned}$$

（2）$\Omega=\{5,6,7,\cdots\}$；

（3）$\Omega=\{(x,y)|-1<x<1,-1<y<1,x^2+y^2<1\}$；

（4）$\Omega=\{(x,y,z)|0<x<1,0<y<1,0<z<1,x+y+z=1\}$．

2．（1）$A\overline{B}\overline{C}$；　（2）$AB\overline{C}$；　（3）$ABC$；　（4）$\overline{A}\overline{B}\overline{C}$；　（5）$\overline{ABC}$；

（6）$\overline{\overline{A}\overline{B}\overline{C}}=A+B+C$；　（7）$AB\overline{C}+A\overline{B}C+\overline{A}BC+ABC=AB+BC+AC$．

3．不一定，举例略．

4．$A\subset B$、$\overline{B}\subset\overline{A}$、$A\overline{B}=\varnothing$ 与 $A\cup B=B$ 等价，$\overline{A}B=\varnothing$ 与 $A\cup B=B$ 不等价．理由略．

5．$\overline{A}$，$\overline{B}$ 可能不相容也可能相容，$\overline{A}$，B 一定相容．理由略．

6．(1) 有放回：$\left(\dfrac{n-1}{n}\right)^{k-1}\cdot\dfrac{1}{n}$；　(2) 不放回：$\dfrac{1}{n}$．

7．$\dfrac{3}{8}$．

8．$\dfrac{1}{2}$．

9．(1) $P(A)=\dfrac{C_n^{2r}(C_2^1)^{2r}}{C_{2n}^{2r}}$；　(2) $P(B)=\dfrac{C_n^1C_{n-1}^{2r-2}(C_2^1)^{2r-2}}{C_{2n}^{2r}}$；

(3) $P(C)=\dfrac{C_n^2C_{n-2}^{2r-4}(C_2^1)^{2r-4}}{C_{2n}^{2r}}$；　(4) $P(D)=\dfrac{C_n^r}{C_{2n}^{2r}}$．

10．$\dfrac{3}{4}$．

11．$\dfrac{5}{8}$．

12．证明：
$$\begin{aligned}P(\overline{A}\overline{B})&=P(\overline{A\cup B})=1-P(A\cup B)\\&=1-\left[P(A)+P(B)-P(AB)\right]\\&=1-\left[\frac{1}{2}+\frac{1}{2}-P(AB)\right]\\&=P(AB).\end{aligned}$$

13．0.6.

14．0.7.

15．$P(AB)\leqslant\dfrac{P(A)+P(B)}{2}$．

16．$\dfrac{1}{2}$．

17．$P(A\cup B)=P(A)$．

18．$\dfrac{am+bm+a}{(a+b)(m+n+1)}$．

19．$\dfrac{m-2}{m+n-2}$．

20．0.2.

21．0.12402．

22．0.

23．(1) $C_n^rp^r(1-p)^{n-r}$；　(2) $(1-p)^{r-1}p$；

(3) $C_{r+k-1}^kp^{r-1}(1-p)^kp$；　(4) $C_{n-1}^{r-1}p^{r-1}(1-p)^{n-r}p$．

第 2 章　随机变量及其分布

一、内容提要

（一）随机变量及其概率分布

1. 基本概念

（1）随机变量：随机变量直观上指取值带随机性的变量，数学上指基本事件（样本点）的函数．设 E 是随机试验，它的样本空间是 $\Omega=\{\omega\}$，如果对于每一个 $\omega\in\Omega$，都有一个实数 $X\{\omega\}$ 与之对应，这样就得到一个定义在 Ω 上的单值实函数 $X=X\{\omega\}$，则称 X 为随机变量．随机变量通常用大写英文字母 X，Y，Z 或希腊字母 ξ，η，ζ 等表示．

实际中遇到的随机变量有离散型和连续型两大类：如果随机变量 X 所有可能的取值是有限个或可列个，则称 X 为离散型随机变量；连续型随机变量的取值是数轴上的有限或无限区间．

（2）概率分布：随机变量 X 的概率分布是概率论的基本概念之一，用以表述随机变量取值的概率规律．为了使用方便，根据随机变量所属类型的不同，概率分布取不同的表现形式．实际中遇到的概率分布有离散型和连续型两大类，分别描绘离散型随机变量和连续型随机变量．

2. 离散型随机变量的概率分布

设随机变量 X 的所有可能取值为有限个或可列个，记为 x_i，$i=1$，2，…，且它取各个可能值有确定的概率，即事件 $\{X=x_i\}$ 的概率为 p_i，则称随机变量 X 为离散型随机变量，称 $P\{X=x_i\}=p_i$，$i=1$，2，…为离散型随机变量 X 的概率分布或分布列．

为直观起见，将 X 的可能取值及相应概率列成分布表，如表 2.1 所示．

表 2.1

X	x_1	x_2	…	x_i	…
P	p_1	p_2	…	p_i	…

由于事件 $\{X=x_1\}$，$\{X=x_2\}$，…，$\{X=x_i\}$，…构成一个完备事件组，因此概率函数具有如下性质：

性质 1　$p_i\geqslant 0\,(i=1, 2, \cdots, m, \cdots)$.

性质 2　$\sum\limits_i p_i=1\,(i=1, 2, \cdots, m, \cdots)$.

对于任意实数 $a<b$，有

$$P(a\leqslant X\leqslant b)=\sum_{a\leqslant x_k\leqslant b}P\{X=x_k\}=\sum_k p_k\,,$$

其中，$\sum$ 表示对于满足 $a\leqslant x_k\leqslant b$ 的一切 x_k 求和．

3. 连续型随机变量的概率密度

（1）定义：

定义 2.1　设 $f(x)$ 是定义在实数域上的一个函数，若对于任意的实数 x，都有

$$F(x)=P(X\leqslant x)=\int_{-\infty}^{x}f(t)\mathrm{d}t,$$

则称 X 为连续型随机变量，称 $f(x)$ 为 X 的概率密度函数，简称概率密度或密度函数.

（2）概率密度 $f(x)$ 的基本性质：

性质 1　$f(x)\geqslant 0$，$-\infty<x<+\infty$.

性质 2　$\int_{-\infty}^{+\infty}f(x)\mathrm{d}x=1$.

注意：一个函数若满足上述两个性质，则该函数一定可以作为某连续型随机变量的概率密度函数.

性质 3　由分布函数和连续型随机变量的定义知，对于任意实数 a，b（$a\leqslant b$，且 a 可为 $-\infty$，b 可为 $+\infty$），有

$$P(a<X\leqslant b)=\int_{a}^{b}f(x)\mathrm{d}x.$$

性质 4　对任意实数 a，$b(a<b)$，有

$$P(a<X\leqslant b)=\int_{a}^{b}f(x)\mathrm{d}x=F(b)-F(a).$$

性质 5　连续型随机变量 X 取任一指定值 $a(a\in\mathbf{R})$ 的概率为零，即 $P\{X=a\}=0$.

注意：连续型随机变量 X 取任意值 a 的概率为 0，此性质与离散型随机变量是不同的，而且此性质也说明概率为 0 的事件不一定是不可能事件.

性质 6　$F(x)$ 是连续函数，且在 $f(x)$ 的连续点 x 处有 $f(x)=F'(x)$.

4. 随机变量的分布函数

分布函数可以描绘任何随机变量的概率分布. 不过，有简单函数式的分布函数很少，因此分布函数不便用于处理具体的随机变量，多用于一般性研究.

（1）定义：

定义 2.2　若 X 是一个随机变量，对任何实数 x，令 $F(x)=P(X\leqslant x)$，$-\infty<x<+\infty$，则称 $F(x)$ 是随机变量 X 的分布函数.

注意：分布函数是定义在全体实数上的一个普通实值函数，同时分布函数也具有明确的概率意义，即对任意实数 x，$F(x)$ 在 x 点的函数值就是随机变量落在区间 $(-\infty,x]$ 上的概率.

（2）性质：

性质 1　$0\leqslant F(x)\leqslant 1$，$-\infty<x<+\infty$，且

$$F(+\infty)=\lim_{x\to+\infty}F(x)=1,\quad F(-\infty)=\lim_{x\to-\infty}F(x)=0.$$

性质 2　$F(x)$ 是单调不减函数，即对于任意 x_1，$x_2\in\mathbf{R}$，当 $x_1<x_2$ 时，有 $F(x_1)\leqslant F(x_2)$.

性质 3　$F(x)$ 是右连续函数，即若 x_0 是 $F(x)$ 的间断点，则有 $\lim\limits_{x\to x_0^+}F(x)=F(x_0)$.

上述三个性质是分布函数的基本性质，它是判定一个函数 $F(x)$ 能否成为某一随机变量的分布函数的充分必要条件.

性质 4　根据分布函数可以求事件的概率，例如：

$P(a<X\leqslant b)=F(b)-F(a)$；　　$P(X<a)=F(a-0)$；

$P(a\leqslant X\leqslant b)=F(b)-F(a-0)$；　　$P\{X=a\}=F(a)-F(a-0)$；

$P(a<X<b)=F(b-0)-F(a)$；　　$P(X\geqslant a)=1-P(X<a)=1-F(a-0)$.

性质 5　离散型随机变量 X 的分布函数为

$$F(x)=\sum_{x_k\leqslant x}P(X\leqslant x_k)\quad(-\infty<x<\infty),$$

其中，$\sum$ 表示对于不大于 x 的一切 x_k 求和，而且离散型随机变量的分布函数是阶梯函数.

（二）常用概率分布

1. 常用的概率分布表

考试大纲要求掌握的离散型概率分布有 0–1 分布、二项分布和泊松分布（表 2.2），连续型概率分布有均匀分布、正态分布和指数分布（表 2.3）.

表 2.2

分布名称	符号	$P\{X=k\}$	可能值 k	参数	数学期望	方差
0–1 分布	$X\sim B(1,\ p)$	p 和 q	1 和 0	p	p	pq
二项分布	$X\sim B(n,\ p)$	$C_n^k p^k q^{n-k}$	0，1，…，n	p	np	npq
泊松分布	$X\sim P(\lambda)$	$\dfrac{\lambda^k}{k!}e^{-\lambda}$	0，1，…，n	$\lambda>0$	λ	λ

注：$q=1-p$.

表 2.3

分布名称	符号	概率密度	参数	数学期望	方差
均匀分布	$X\sim U(a,b)$	$f(x)=\begin{cases}\dfrac{1}{b-a}, & a\leqslant x\leqslant b\\ 0, & \text{其他}\end{cases}$	a，b	$\dfrac{a+b}{2}$	$\dfrac{(b-a)^2}{12}$
指数分布	$X\sim Exp(\lambda)$	$f(x)=\begin{cases}\lambda e^{-\lambda x}, & x>0\\ 0, & x\leqslant 0\end{cases}$	λ	$\dfrac{1}{\lambda}$	$\dfrac{1}{\lambda^2}$
正态分布	$X\sim N(\mu,\sigma^2)$	$f(x)=\dfrac{1}{\sqrt{2\pi}\sigma}e^{-\frac{(x-\mu)^2}{2\sigma^2}}$，$x\in(-\infty,+\infty)$	μ,σ^2	μ	σ^2

2. 常用概率分布的典型应用

（1）0–1 分布：只有“成功”和“失败”两种对立结局的试验称为伯努利试验；伯努利试验成功的次数 X 服从 0–1 分布，参数 p 为成功的概率，$q=1-p$ 为失败的概率. 例如，产品抽样验收试验中，抽到不合格品——成功，抽到合格品——失败；射击试验中，命中——成功，脱靶——失败……

（2）二项分布：以 $X\sim B(n,\ p)$ 表示 X 服从参数为 $(n,\ p)$ 的二项分布.

① 独立重复试验成功次数的分布：设 X 是 n 重伯努利试验成功的次数，则 $X \sim B(n, p)$，参数 p 是每次试验成功的概率．例如，n 次独立重复射击命中的次数 X 服从二项分布，参数 p 是每次射击的命中率．

② 设随机变量 X_1，X_2，…，X_n 独立且都服从参数为 p 的 0-1 分布，则

$$X = X_1 + X_2 + \cdots + X_n \sim B(n, p).$$

（3）泊松分布：二项分布概率的近似计算（泊松定理）：设 $X \sim B(n, p)$，则当 p 充分小而 n 充分大且 np 适中时，X 近似服从参数为 $\lambda = np$ 的泊松分布：

$$\mathrm{C}_n^k p^k (1-p)^{n-k} \approx \frac{(np)^k}{k!} \mathrm{e}^{-np} \ (k = 0, 1, \cdots, n).$$

实际中，当 $n \geqslant 100$，$p \leqslant 0.10$ 时即可利用此式，不过 n 应尽量大，否则近似效果不佳．

（4）均匀分布：向区间 $[a, b]$ 上均匀地掷随机点试验，产生均匀分布．区间 $[a, b]$ 上均匀分布的分布函数为

$$F(x) = \begin{cases} 0, & x < a, \\ \dfrac{b-x}{b-a}, & a \leqslant x \leqslant b, \\ 1, & x > b. \end{cases}$$

（5）指数分布：设 X 是在服从参数为 λ 的泊松分布的随机质点流中，相继出现的两个随机质点时间间隔——等待时间（如设备无故障运转的时间、设备的使用寿命或维修时间、设备相继出现两次故障的时间间隔……），则等待时间 X 服从参数为 λ 的指数分布．参数为 λ 的指数分布函数有简单的数学表达式，即

$$F(x) = \begin{cases} 1 - \mathrm{e}^{-\lambda x}, & x > 0 \\ 0, & x \leqslant 0 \end{cases}.$$

（6）正态分布：以 $X \sim N(\mu, \sigma^2)$ 表示随机变量 X 服从参数为 (μ, σ^2) 的正态分布．

① 当 $\mu = 0$，$\sigma = 1$ 时，表示随机变量 X 服从标准正态分布，记为 $X \sim N(0, 1)$．标准正态分布的概率密度和分布函数分别为

$$\varphi(x) = \frac{1}{\sqrt{2\pi}} \mathrm{e}^{-\frac{x^2}{2}}, \quad -\infty < x < +\infty,$$

$$\Phi(x) = \frac{1}{\sqrt{2\pi}} \int_{-\infty}^{x} \mathrm{e}^{-\frac{t^2}{2}} \mathrm{d}t, \quad -\infty < x < +\infty.$$

② 正态分布的常见计算公式及其性质．

性质 1　若 $X \sim N(0, 1)$，则

$$P(a < X \leqslant b) = \Phi(b) - \Phi(a),$$

$$\Phi(-x) = 1 - \Phi(x).$$

性质 2　若 $X \sim N(\mu, \sigma^2)$，则

$$P(X \leqslant x) = F(x) = \Phi\left(\frac{x-\mu}{\sigma}\right).$$

性质 3　对于任意常数 a 和 $b(b \neq 0)$，若 $X \sim N(\mu, \sigma^2)$，则 $a + bX \sim N(a + b\mu, b^2\sigma^2)$．

性质 4　若 $X \sim N(\mu_1, \sigma_1^2)$ 和 $Y \sim N(\mu_2, \sigma_2^2)$ 相互独立，则

$$X \pm Y \sim N(\mu_1 \pm \mu_2, \sigma_1^2 + \sigma_2^2).$$

③ 许多自然现象和社会现象都可以用正态分布来描述，许多概率分布的极限分布是正态分布（中心极限定理）.

④ 许多重要分布，如 χ^2 分布、t 分布和 F 分布都是正态变量的函数的分布.

（三）随机变量的函数的概率分布

设 $Y = g(X)$，其中 $y = g(x)$ 是连续函数或分段连续函数，现在根据 X 的概率分布求 Y 的概率分布.

1. 一般情形

设法将 Y 的概率分布通过 X 的概率分布表示，即

$$F_Y(y) = P(Y \leqslant y) = P(g(X) \leqslant y).$$

用这种方法，在许多情形下可以求出 Y 的概率分布.

2. 离散型随机变量的情形

若已知 $P\{X = x_i\} = p_i (i = 1, 2, \cdots)$，且函数 $y = g(x)$ 的一切可能值两两不等，则 $P\{Y = g(x_i)\} = p_i (i = 1, 2, \cdots)$就是 Y 的概率分布，否则将各相等的 $y = g(x)$ 值对应的概率相加，即可得到的概率分布.

3. 连续型随机变量的情形

一般地，先求的 Y 分布函数 $F_Y(y)$，再对 y 求导数，即可得到 Y 的概率密度 $f_Y(y)$.

特别地，设 X 是连续型随机变量，其概率密度为 $f_X(x)$，$y = g(x)$ 是严格单调的连续函数，且函数 $y = g(x)$ 的值域为 (c, d)，$x = h(y)$ 是 $y = g(x)$ 的唯一反函数，则 Y 也是连续型随机变量，其概率密度 $f_Y(y)$ 通过 $f_X(x)$ 表示为

$$f_Y(y) = \begin{cases} f_X[h(y)]|h'(y)|, & c < y < d, \\ 0, & \text{其他}. \end{cases}$$

二、典型例题及其分析

例 2.1　10 名篮球队员分别穿 4～13 号球衣，现随机抽取 5 人上场，求：

（1）抽出的队员中所穿球衣号码的最小值 X 的分布规律；

（2）最小值至少为 8 的概率.

【解】10 人中抽取 5 人共有 C_{10}^5 种取法，所穿的球衣号码的最小值 X 的可能取值 x_i 只能为 4～9 的某个整数，如果最小号码 $X = i(4 \leqslant i \leqslant 9)$，则其余 4 人所穿号码只能取 $i+1$～13 的整数，共有 C_{13-i}^4 种取法.

（1）抽出的队员中所穿球衣号码的最小值 X 的分布规律为

$$P(X = i) = \frac{C_{13-i}^4}{C_{10}^5} \quad (i = 4, 5, 6, 7, 8, 9),$$

列表 2.4 如下：

表 2.4

X	4	5	6	7	8	9
P	$\frac{126}{252}$	$\frac{70}{252}$	$\frac{35}{252}$	$\frac{15}{252}$	$\frac{5}{252}$	$\frac{1}{252}$

（2）最小值至少为 8 的概率是

$$P(X \geqslant 8) = P\{X=8\} + P\{X=9\}$$
$$= \frac{5}{252} + \frac{1}{252} = \frac{6}{252} = 0.0238.$$

例 2.2　设随机变量 X 的分布函数为

$$F(x) = \begin{cases} 0, & x < -1, \\ 0.4, & -1 \leqslant x < 1, \\ 0.8, & 1 \leqslant x < 3, \\ 1, & x \geqslant 3. \end{cases}$$

求随机变量 X 的概率分布.

【解】由题意知 $F(x)$的间断点，即 X 的可能取值为-1，1，3，从而

$$P\{X=-1\} = F(-1) - F(-1-0) = 0.4 - 0 = 0.4,$$
$$P\{X=1\} = F(1) - F(1-0) = 0.8 - 0.4 = 0.4,$$
$$P\{X=3\} = F(3) - F(3-0) = 1 - 0.8 = 0.2.$$

故随机变量 X 的概率分布如表 2.5 所示.

表 2.5

X	-1	1	3
P	0.4	0.4	0.2

例 2.3　设连续型随机变量 X 的分布函数为

$$F(x) = \begin{cases} Ae^x, & x < 0, \\ B, & 0 \leqslant x < 1, \\ 1 - Ae^{-(x-1)}, & x > 1. \end{cases}$$

求：（1）A, B 的值；

（2）X 的概率密度函数；

（3）$P\left(X > \frac{1}{3}\right)$.

【解】（1）由于连续型随机变量的分布函数 $F(x)$ 为连续函数，故由 $F(x)$ 在 $x=0$，$x=1$ 两点的连续性，有

$$\lim_{x\to 0} F(x) = \lim_{x\to 0^-} Ae^x = A,$$
$$\lim_{x\to 0^+} F(x) = \lim_{x\to 0^+} B = B,$$

所以，$A=B$．又有

$$\lim_{x\to 1^-}F(x)=\lim_{x\to 1^-}B=B,$$
$$\lim_{x\to 1^+}F(x)=\lim_{x\to 1^+}[1-A\mathrm{e}^{-(x-1)}]=1-A,$$

所以 $B=1-A$，从而可知 $A=B=\dfrac{1}{2}$．于是

$$F(x)=\begin{cases}\dfrac{1}{2}\mathrm{e}^{x}, & x<0,\\ \dfrac{1}{2}, & 0\leqslant x<1,\\ 1-\dfrac{1}{2}\mathrm{e}^{-(x-1)}, & x>1.\end{cases}$$

（2）X 的概率密度为

$$f(x)=F'(x)=\begin{cases}\dfrac{1}{2}\mathrm{e}^{x}, & x<0,\\ 0, & 0\leqslant x<1,\\ \dfrac{1}{2}\mathrm{e}^{-(x-1)}, & x>1.\end{cases}$$

（3）$P\left(X>\dfrac{1}{3}\right)=1-P\left(X\leqslant\dfrac{1}{3}\right)=1-F\left(\dfrac{1}{3}\right)=1-\dfrac{1}{2}=\dfrac{1}{2}$，或

$$P\left(X>\frac{1}{3}\right)=\int_{\frac{1}{3}}^{+\infty}f(x)\mathrm{d}x=\int_{\frac{1}{3}}^{1}0\,\mathrm{d}x+\int_{1}^{+\infty}\frac{1}{2}\mathrm{e}^{-(x-1)}\mathrm{d}x=\frac{1}{2}.$$

例 2.4　设随机变量 X 的概率密度函数为

$$f(x)=\begin{cases}\mathrm{e}^{-x}, & x\geqslant 0,\\ 0, & x<0,\end{cases}$$

求随机变量 $Y=\mathrm{e}^{X}$ 的概率密度 $f_Y(y)$．

【解】根据分布函数的定义，有

$$F_Y(y)=P(Y\leqslant y)=P(\mathrm{e}^{X}\leqslant y)=\begin{cases}0, & y\leqslant 0,\\ P(X\leqslant\ln y), & 0<y<1,\\ P(X\leqslant\ln y), & y\geqslant 1.\end{cases}$$

当 $0<y<1$ 时，此时 $\ln y<0$，故有

$$P(X\leqslant\ln y)=\int_{-\infty}^{\ln y}f(x)\mathrm{d}x=0\,.$$

当 $y\geqslant 1$ 时，此时 $\ln y\geqslant 0$，故

$$P(X\leqslant\ln y)=\int_{-\infty}^{\ln y}f(x)\mathrm{d}x=\int_{-\infty}^{\ln y}\mathrm{e}^{-x}\mathrm{d}x=1-\frac{1}{y}\,.$$

因此

$$F_Y(y)=\begin{cases}0, & y<1,\\ 1-\dfrac{1}{y}, & y\geqslant 1.\end{cases}$$

从而

$$f_Y(y)=F_Y'(y)=\begin{cases}0, & y<1,\\ \dfrac{1}{y^2}, & y\geqslant 1.\end{cases}$$

例 2.5　设离散型随机变量 X 的分布函数为

$$F(x)=\begin{cases}0, & x<-1,\\ a, & -1\leqslant x<1,\\ \dfrac{2}{3}-a, & 1\leqslant x<2,\\ a+b, & x\geqslant 2,\end{cases}$$

且 $P\{X=2\}=\dfrac{1}{2}$，试确定常数 a，b 的值，并求 X 的概率分布.

【解】由分布函数 $F(x)$ 的性质：

$$\begin{cases}P\{X=x_i\}=F(x_i)-F(x_i-0),\\ F(+\infty)=1,\end{cases}$$

可知

$$\begin{cases}\dfrac{1}{2}=P\{X=2\}=(a+b)-\left(\dfrac{2}{3}-a\right)=2a+b-\dfrac{2}{3},\\ a+b=1.\end{cases}$$

由此可得 $a=\dfrac{1}{6}$，$b=\dfrac{5}{6}$，因此有

$$F(x)=\begin{cases}0, & x<-1,\\ \dfrac{1}{6}, & -1\leqslant x<1,\\ \dfrac{1}{2}, & 1\leqslant x<2,\\ 1, & x\geqslant 2.\end{cases}$$

从而 X 的概率分布如表 2.6 所示.

表 2.6

X	-1	1	2
P	$\frac{1}{6}$	$\frac{1}{3}$	$\frac{1}{2}$

例 2.6　设某城市成年男子的身高 $X\sim N(170,\,6^2)$（单位：cm）.

（1）如何设计公共汽车车门的高度，可使男子与车门顶碰头的机会小于 0.01？

（2）若车门高为 182cm，求 100 个成年男子与车门顶碰头的人数不多于 2 个的概率.

【解】（1）由题设知 $X\sim N(170, 6^2)$，先将它标准化，得

$$\frac{X-170}{6}\sim N(0, 1).$$

设公共汽车车门的高度为 l cm，由设计要求 l 应满足 $P(X>l)<0.01$，而

$$P(X>l)=1-P(X\leqslant l)=1-P\left(\frac{X-170}{6}\leqslant\frac{l-170}{6}\right)$$

$$=1-\Phi\left(\frac{l-170}{6}\right)<0.01,$$

即 $\Phi\left(\frac{l-170}{6}\right)>0.99$，查表（附表 3），得 $\frac{l-170}{6}>2.33$，故 $l>183.98(\text{cm})$.

（2）因为任一男子身高可能超过 182cm，也可能低于 182cm，一般来说，只有身高超过 182cm 的才能与车门顶相碰，因此我们可以将任一男子是否与车门碰头看成伯努里试验，故问题就转化为 100 重伯努利试验中的概率计算问题，因此先求任一男子身高超过 182cm 的概率 p，显然

$$p=P(X>182)=P\left(\frac{X-170}{6}>\frac{182-170}{6}\right)=1-\Phi(2)=0.0228.$$

设 Y 为 100 个男子中身高超过 182cm 的人数，故 $Y\sim B(100, 0.0228)$，即

$$P\{Y=k\}=\mathrm{C}_{100}^{k}\times 0.0228^{k}\times 0.9772^{100-k},\ k=0, 1, 2, \cdots, 100.$$

所以所求概率为

$$P(Y\leqslant 2)=P\{Y=0\}+P\{Y=1\}+P\{Y=2\}.$$

由于 $n=100$ 较大，$p=0.0228$ 比较较小，故可用泊松分布近似代替二项分布，其中 $\lambda=np=2.28$，从而

$$P(Y\leqslant 2)=\frac{2.28^{0}\mathrm{e}^{-2.28}}{0!}+\frac{2.28\mathrm{e}^{-2.28}}{1!}+\frac{2.28^{2}\mathrm{e}^{-2.28}}{2!}\approx 0.6013.$$

三、典型习题精练

1．一批产品分一、二、三级品，其中一级品是二级品的两倍，三级品是二级品的一半，从这批产品中随机地抽取一个检验质量，用随机变量描述检验的可能结果，写出它的分布列.

2．设随机变量 X 分布列为 $P\{X=k\}=\frac{2A}{n}(k=1, 2, \cdots, n)$，试确定常数 A.

3．若 X 服从两点分布，且 $P\{X=1\}=2P\{X=0\}$，求 X 的分布列.

4．设袋中有编号为 1，2，3，4，5 的 5 只球，今从中任取 3 只，以 X 表示取出的 3 只球中的最大号码，试求 X 的分布列及分布函数，并计算 $P(1\leqslant X\leqslant 5)$.

5．设随机变量 X 的分布列如表 2.7 所示.

表 2.7

X	0	1	2	3	4
P	$\frac{1}{16}$	$\frac{4}{16}$	$\frac{6}{16}$	$\frac{4}{16}$	$\frac{1}{16}$

求：（1）$P(X \leqslant 2)$；　　（2）$P(1.5 \leqslant X \leqslant 3)$；

（3）$P(0.5 < X \leqslant 2.8)$；　　（4）X 的分布函数；

（5）画出 $F(x)$ 的曲线.

6．设离散型随机变量 X 的分布函数为 $F(x)=\begin{cases} 0, & x<-1, \\ 0.2, & -1 \leqslant x<1, \\ 0.7, & 1 \leqslant x<3, \\ 1, & x \geqslant 3, \end{cases}$ 求 X 的分布列.

7．设随机变量 X 的分布函数为 $F(x)=A+B\arctan x$，$x \in(-\infty,+\infty)$，求：

（1）系数 A 与 B；

（2）X 落在 $(-1, 1]$ 内的概率.

8．设 X 的分布函数为 $F(x)=\begin{cases} 0, & x<0, \\ 0.5, & 0 \leqslant x<1, \\ 1-\mathrm{e}^{-x}, & x \geqslant 1, \end{cases}$ 求 $P(X>2)$ 及 $P\{X=1\}$.

9．设连续型随机变量 X 的概率密度为 $f(x)=\begin{cases} \sin x, & 0 \leqslant x \leqslant a, \\ 0, & \text{其他}, \end{cases}$ 试确定常数 a，并求 $P\left(X>\dfrac{\pi}{6}\right)$.

10．设随机变量 K 服从区间(0，5)上的均匀分布，求方程 $4y^2+4yK+K+2=0$ 有实根的概率.

11．设 $X \sim f(x)=\begin{cases} \dfrac{1}{3}, & x \in(0,1), \\ \dfrac{2}{9}, & x \in(3,6), \\ 0, & \text{其他}, \end{cases}$ 若 $P(X \geqslant k)=\dfrac{2}{3}$，则确定 k 的取值范围.

12．设随机变量 X 在区间[1，5]上服从均匀分布，现对 X 进行 3 次独立观测，求至少有两次观测值大于 3 的概率.

13．某种型号的电子管寿命 X（单位：h）作为一随机变量，其概率密度为 $f(x)=\begin{cases} 2x, & 0<x<1, \\ 0, & \text{其他}, \end{cases}$ Y 表示对 X 的三次独立重复观察中事件 $\{X \leqslant 0.5\}$ 出现的次数，求 $P\{Y=2\}$.

14．设随机变量 Y 服从参数为 1 的指数分布，a 为常数且大于零，求 $P(Y \leqslant a+1 \mid Y>a)$.

15．设随机变量 X 服从正态分布 $N(\mu, \sigma^2)$，且二次方程 $y^2+4y+X=0$ 无实根的概率为 $\dfrac{1}{2}$，求 μ.

16．设随机变量 X 的分布列如表 2.8 所示.

表 2.8

X	-2	-1	0	1	2
P	$\frac{1}{5}$	$\frac{1}{6}$	$\frac{1}{5}$	$\frac{1}{6}$	$\frac{4}{15}$

求 $Y=X^2+1$ 的分布列.

17．设随机变量 $X\sim U(0,1)$，求：

（1） $Y=2\ln X$ 的概率密度；

（2） $Y=e^X$ 的概率密度.

18．设随机变量 X 服从(0，1)上的均匀分布，求证：随机变量 $Y=-\dfrac{\ln(1-X)}{2}$ 服从参数为 2 的指数分布.

19．设 $X\sim Exp(\lambda)$，其分布函数为 $F(x)$，试证：$F(X)\sim U(0,1)$.

四、典型习题参考答案

1．分布列如表 2.9 所示.

表 2.9

X	1	2	3
P	$\frac{4}{7}$	$\frac{2}{7}$	$\frac{1}{7}$

2． $A=\dfrac{1}{2}$.

3．分布列如表 2.10 所示.

表 2.10

X	0	1
P	$\frac{1}{3}$	$\frac{2}{3}$

4．X 的分布列如表 2.11 所示.

表 2.11

X	3	4	5
P	$\frac{1}{10}$	$\frac{3}{10}$	$\frac{6}{10}$

分布函数为

$$F(x)=\begin{cases}0, & x<3,\\ \dfrac{1}{10}, & 3\leqslant x<4,\\ \dfrac{2}{5}, & 4\leqslant x<5,\\ 1, & x\geqslant 5.\end{cases}$$

$P(1 \leqslant X \leqslant 5) = 1$.

5.（1）$\dfrac{11}{16}$；　　（2）$\dfrac{5}{8}$；　　（3）$\dfrac{5}{8}$；

（4）$F(x)=\begin{cases} 0, & x<0, \\ \dfrac{1}{16}, & 0 \leqslant x<1, \\ \dfrac{5}{16}, & 1 \leqslant x<2, \\ \dfrac{11}{16}, & 2 \leqslant x<3, \\ \dfrac{15}{16}, & 3 \leqslant x<4, \\ 1, & x \geqslant 4; \end{cases}$　　（5）略.

6．分布列如表 2.12 所示.

表 2.12

X	-1	1	3
P	0.2	0.5	0.3

7.（1）$A=\dfrac{1}{2}$，$B=\dfrac{1}{\pi}$；　　（2）$\frac{1}{2}$.

8．e^{-2}；$\dfrac{1}{2}-e^{-1}$.

9．$a=\dfrac{\pi}{2}$；$P\left(X>\dfrac{\pi}{6}\right)=\dfrac{\sqrt{3}}{2}$.

10．$\dfrac{3}{5}$.

11．$1 \leqslant k \leqslant 3$.

12．$\dfrac{1}{2}$.

13．$\dfrac{9}{64}$.

14．$1-e^{-1}$.

15．4.

16．分布列如表 2.13 所示.

表 2.13

X	1	2	5
P	$\frac{1}{5}$	$\frac{1}{3}$	$\frac{7}{15}$

17．（1）$f_Y(y)=\begin{cases}\dfrac{1}{2}\mathrm{e}^{\frac{y}{2}}, & y<0,\\ 0, & \text{其他}.\end{cases}$　　（2）$f_Y(y)=\begin{cases}\dfrac{1}{y}, & 1<y<\mathrm{e},\\ 0, & \text{其他}.\end{cases}$

18．因为$f_X(x)=\begin{cases}1, & x\in(0,1),\\ 0, & \text{其他},\end{cases}$所以

$$f_Y(y)=\begin{cases}f_X[h(y)]\cdot|h'(y)|, & \alpha<y<\beta\\ 0, & \text{其他}\end{cases}=\begin{cases}1\cdot\left|(1-\mathrm{e}^{-2y})'\right|, & 0<1-\mathrm{e}^{-2y}<1\\ 0, & \text{其他}\end{cases}$$

$$=\begin{cases}2\mathrm{e}^{-2y}, & y>0,\\ 0, & \text{其他}.\end{cases}$$

因此$Y=-\dfrac{\ln(1-X)}{2}$的概率密度为

$$f_Y(y)=\begin{cases}2\mathrm{e}^{-2y}, & y>0,\\ 0, & \text{其他}.\end{cases}$$

所以$Y=-\dfrac{\ln(1-X)}{2}\sim Exp(2)$.

19．由于$X\sim Exp(\lambda)$，所以$f_X(x)=\begin{cases}\lambda\mathrm{e}^{-\lambda x}, & x>0,\\ 0, & x\leqslant 0.\end{cases}$

由分布函数的定义，知$F(x)=P(X\leqslant x)=\int_{-\infty}^{x}f(x)\mathrm{d}x$.

当$x<0$时，$F(x)=P(X\leqslant x)=\int_{-\infty}^{x}f(x)\mathrm{d}x=\int_{-\infty}^{x}0\mathrm{d}x=0$；

当$x\geqslant 0$时，$F(x)=P(X\leqslant x)=\int_{-\infty}^{x}f(x)\mathrm{d}x=\int_{-\infty}^{x}0\mathrm{d}x+\int_{0}^{x}\lambda\mathrm{e}^{-\lambda t}\mathrm{d}t=1-\mathrm{e}^{-\lambda x}$.

所以$Y=F_X(x)=\begin{cases}1-\mathrm{e}^{-\lambda x}, & x\geqslant 0,\\ 0, & x<0.\end{cases}$又$f_X(x)=\begin{cases}\lambda\mathrm{e}^{-\lambda x}, & x>0,\\ 0, & x\leqslant 0,\end{cases}$所以

$$f_Y(y)=\begin{cases}f_X[h(y)]\cdot|h'(y)|, & \alpha<y<\beta\\ 0, & \text{其他}\end{cases}$$

$$=\begin{cases}\lambda\mathrm{e}^{-\lambda\cdot\left[-\frac{\ln(1-y)}{\lambda}\right]}\cdot\left|\left[-\dfrac{\ln(1-y)}{\lambda}\right]'\right|, & -\dfrac{\ln(1-y)}{\lambda}>0\\ 0, & \text{其他}\end{cases}$$

$$=\begin{cases}1, & 0<y<1,\\ 0, & \text{其他}.\end{cases}$$

因此$Y=F_X(X)$的概率密度为$f_Y(y)=\begin{cases}1, & 0<y<1,\\ 0, & \text{其他}.\end{cases}$所以$Y=F(X)\sim U(0,\ 1)$.

第3章　多维随机变量及其分布

一、内容提要

（一）离散型随机变量的联合概率分布

1. 联合概率分布

设(X, Y)的所有可能取值为(x_i, y_j)，$i, j=1, 2, \cdots, n, \cdots$，记$P\{X=x_i, Y=y_j\}=p_{ij}$，则称它为二维离散型随机变量$(X, Y)$的联合概率函数．与一维情形类似，二维随机变量的联合分布也可用表格形式表示，并称之为联合概率分布表，离散型随机变量X和Y的联合概率分布如表3.1所示．

表3.1

$X \backslash Y$	y_1　y_2　$\cdots$　y_j　$\cdots$	$p_{i\cdot}=\sum_j p_{ij}$
x_1	p_{11}　p_{12}　$\cdots$　p_{1j}　$\cdots$	$p_{1\cdot}$
x_2	p_{21}　p_{22}　$\cdots$　p_{2j}　$\cdots$	$p_{2\cdot}$
$\vdots$	$\vdots$　$\vdots$　　$\vdots$　$\vdots$	$\vdots$
x_i	p_{i1}　p_{i2}　$\cdots$　p_{ij}　$\cdots$	$p_{i\cdot}$
$\vdots$	$\vdots$　$\vdots$　$\cdots$　$\vdots$　$\vdots$	$\vdots$
$p_{\cdot j}=\sum_i p_{ij}$	$p_{\cdot 1}$　$p_{\cdot 2}$　$\cdots$　$p_{\cdot j}$　$\cdots$	1

其中$p_{ij}\geqslant 0$，$\sum_i\sum_j p_{ij}=1$．

2. 边际概率分布

随机变量X和Y自身的概率分布称为其联合分布的边际分布：

$$P\{X=x_i\}=\sum_j P\{X=x_i, Y=y_j\}=\sum_j p_{ij}=p_{i\cdot},$$

$$P\{Y=y_i\}=\sum_i P\{X=x_i, Y=y_j\}=\sum_i p_{ij}=p_{\cdot j}.$$

表3.1的左右两列恰好是其中一个变量的概率分布，上下两行恰好是另一个变量的概率分布．

3. 条件分布

随机变量Y在$\{X=x_k\}$条件下的条件概率分布为

$$P\{Y=y_j|X=x_k\}=\frac{P\{X=x_k, Y=y_j\}}{P\{X=x_k\}}=\frac{p_{kj}}{p_{k\cdot}}=\frac{p_{kj}}{\sum_i p_{ki}}\quad (j=1, 2, \cdots),$$

也可以称作“Y关于$\{X=x_k\}$的条件分布”. 对于给定的x_k，只要$P\{X=x_k\}\neq 0$，条件分布就有定义，并且具有无条件概率分布的一切性质.

（二）连续型随机变量的联合分布

1. 联合概率密度

对于二连续型变量X和Y，(X, Y)可视为平面上的点. 对于平面上的任意区域G，如果点(X, Y)属于G的概率可以通过一个非负函数$f(x, y)$的积分表示为

$$P\{(X, Y)\in G\}=\iint_G f(x, y)\,\mathrm{d}x\mathrm{d}y,$$

则称$f(x, y)$为(X, Y)的概率密度或X和Y的联合概率密度.

特别地，如果区域G是一个区域$G=\{(x, y)\mid a<x<b,\ c<y<d\}$，则

$$P(a<X<b,\ c<Y<d)=\int_a^b\int_c^d f(x, y)\mathrm{d}x\mathrm{d}y.$$

联合概率密度具有如下性质:

$$f(x, y)\geqslant 0;\quad \int_{-\infty}^{+\infty}\int_{-\infty}^{+\infty} f(x, y)\mathrm{d}x\mathrm{d}y=1.$$

2. 边际概率密度

随机变量X和Y的概率密度$f_X(x)$和$f_Y(y)$可由其联合密度$f(x, y)$表示为

$$f_X(x)=\int_{-\infty}^{+\infty} f(x, y)\mathrm{d}y,\quad f_Y(y)=\int_{-\infty}^{+\infty} f(x, y)\mathrm{d}x,$$

称之为联合密度$f(x, y)$的边际概率密度函数.

3. 条件概率密度

对于任意x，若$f_X(x)>0$，则称

$$f_{Y|X}(y\mid x)=\frac{f(x,y)}{f_X(x)}\quad(-\infty<y<\infty)$$

为随机变量Y关于$\{X=x\}$的条件概率密度. 同样可以定义X关于$\{Y=y\}$的条件密度. 由条件密度可以得到密度乘法公式:

$$f(x,y)=f_X(x)f_{Y|X}(y\mid x)=f_Y(y)f_{X|Y}(x\mid y).$$

（三）联合分布函数

1. 定义

定义 3.1　称二元函数$F(x,y)=P(X\leqslant x,\ Y\leqslant y)$为随机变量$(X, Y)$的分布函数，或随机变量$(X, Y)$的联合分布函数.

定义 3.2　随机变量(X, Y)中每个变量X, Y的分布函数$F_X(x)$和$F_Y(y)$称为$F(x, y)$的边际分布函数.

2. 性质

联合分布函数 $F(x, y)$ 的基本性质：

性质 1　$0 \leqslant F(x, y) \leqslant 1$.

性质 2　$F(x, -\infty) = F(-\infty, y) = F(-\infty, -\infty) = 0$，$F(+\infty, +\infty) = 1$.

性质 3　$F(x, y)$ 对于每一自变量都是单调不减的.

性质 4　$F(x, y)$ 对于每一自变量都是右连续的.

性质 5　对于任意实数 $a < b, c < d$，有

$$P\{a < X \leqslant b, c < Y \leqslant d\} = F(b, d) - [F(b, c) + F(a, d)] + F(a, c).$$

性质 6　随机变量 X 和 Y 的联合分布函数 $F(x, y)$，完全决定每个随机变量 X 和 Y 的自身的分布函数 $F_X(x)$ 和 $F_Y(y)$：

$$F_X(x) = F(x, +\infty), \ F_Y(y) = F(+\infty, y).$$

性质 7　连续型随机变量 (X, Y) 的分布函数 $F(x, y)$ 可由联合密度 $f(x, y)$ 表示为

$$F(x, y) = \int_{-\infty}^{x}\int_{-\infty}^{y} f(u, v)\mathrm{d}u\mathrm{d}v \quad (-\infty < x, y < \infty),$$

并且对于几乎一切 (x, y)，有

$$\frac{\partial^2 F(x, y)}{\partial x \partial y} = f(x, y).$$

（四）随机变量的独立性

1. 一般概念

设 $X_1, X_2, \cdots, X_n$ 是 n 维随机变量，若对任意的 n 个实数 $x_1, x_2, \cdots, x_n$ 所组成的 n 个事件 $X_1 \leqslant x_1, X_2 \leqslant x_2, \cdots, X_n \leqslant x_n$，都有

$$P(X_1 \leqslant x_1, X_2 \leqslant x_2, \cdots, X_n \leqslant x_n) = P(X_1 \leqslant x_1)P(X_2 \leqslant x_2)\cdots P(X_n \leqslant x_n),$$

或

$$F(x_1, x_2, \cdots, x_n) = F_{X_1}(x_1)F_{X_2}(x_2)\cdots F_{X_n}(x_n),$$

则称 n 个随机变量 $X_1, X_2, \cdots, X_n$ 相互独立，否则称 $X_1, X_2, \cdots, X_n$ 不相互独立，其中，$F(x_1, x_2, \cdots, x_n)$ 为 $(X_1, X_2, \cdots, X_n)$ 的联合分布函数，$F_{X_1}(x_1), F_{X_2}(x_2), \cdots, F_{X_n}(x_n)$ 分别是 $X_1, X_2, \cdots, X_n$ 的边际分布函数.

特别地，设 $F(x,y)$，$F_X(x)$，$F_Y(y)$ 分别是二维随机变量 (X, Y) 的联合分布函数及边际分布函数，若对于所有的实数 x, y，都有

$$F(x, y) = F_X(x) F_Y(y),$$

即

$$P(X \leqslant x, Y \leqslant y) = P(X \leqslant x)P(Y \leqslant y),$$

则称随机变量 X 和 Y 是相互独立的随机变量.

2. 二维离散型随机变量的独立性

对于二维离散型随机变量 (X, Y)，X 和 Y 相互独立的条件等价于对于 (X, Y) 所有

可能的取值(x_i, y_j)，有

$$P\{X=x_i, Y=y_j\}=P\{X=x_i\}P\{Y=y_j\}.$$

3. 二维连续型随机变量的独立性

对于二维连续型随机变量(X, Y)，X与Y相互独立的条件等价于对于几乎所有的x，y，有

$$f(x, y)=f_X(x)\cdot f_Y(y).$$

4. 性质

性质 1　如果X与Y是两个相互独立的随机变量，则$f(X)$与$g(Y)$也相互独立，其中$f(\cdot)$与$g(\cdot)$是两个可测函数.

性质 2　常数c与任一随机变量相互独立；若X_1，X_2，…，X_m相互独立，则其中任意$k(2\leqslant k\leqslant m)$个随机变量也相互独立.

性质 3　设X_1，…，X_r，X_{r+1}，…，X_n是n个相互独立的随机变量，其中$1<r<n$，则其部分$(X_1, \cdots, X_r)$与$(X_{r+1}, \cdots, X_n)$相互独立，它们的函数$f(X_1, \cdots, X_r)$与$g(X_{r+1}, \cdots, X_n)$也相互独立.

（五）常见随机变量的联合分布

1. 二维均匀分布

设G是平面区域，$S(G)$表示区域G的面积，如果随机变量X和Y的联合概率密度为

$$f(x, y)=\begin{cases}\dfrac{1}{S(G)}, & (x, y)\in G,\\ 0, & (x, y)\notin G.\end{cases}$$

则称随机变量(X, Y)在区域G上服从二维均匀分布.

若$G=\{(x, y)|a\leqslant x\leqslant b, c\leqslant y\leqslant d\}$是一个矩形区域，则$X$和$Y$的联合密度为

$$f(x, y)=\begin{cases}\dfrac{1}{(b-a)(d-c)}, & a\leqslant x\leqslant b, c\leqslant y\leqslant d,\\ 0, & \text{其他}.\end{cases}$$

2. 二维正态分布

若二维连续型随机变量(X, Y)的联合密度函数为

$$f(x, y)=\frac{1}{2\pi\sigma_1\sigma_2\sqrt{1-\rho^2}}\mathrm{e}^{-\frac{1}{2(1-\rho^2)}\left[\frac{(x-\mu_1)^2}{\sigma_1^2}-\frac{2\rho(x-\mu_1)(y-\mu_2)}{\sigma_1\sigma_2}+\frac{(y-\mu_2)^2}{\sigma_2^2}\right]}$$

其中，μ_1，μ_2，σ_1，σ_2，ρ均为常数，且$\sigma_1>0$，$\sigma_2>0$，$|\rho|<1$，则称(X, Y)服从二维正态分布，记作$(X, Y)\sim N(\mu_1, \mu_2, \sigma_1^2, \sigma_2^2, \rho)$.

（1）分布参数：设随机变量X和Y的联合概率分布是二维正态分布，其五个参数分

别为 $\mu_1 = EX$，$\mu_2 = EY$，$\sigma_1^2 = DX$，$\sigma_2^2 = DY$，而 ρ 表示 X 和 Y 的相关系数.

（2）边际分布：二维正态分布的两个边际 X 和 Y 的分布都是正态分布：$X \sim N(\mu_1, \sigma_1^2)$，$Y \sim N(\mu_2, \sigma_2^2)$．但逆命题不成立，即使 X 和 Y 都服从正态分布，甚至 X 和 Y 的相关系数等于 0，X 和 Y 的联合分布也未必是二维正态分布.

（3）性质：

性质 1　若 X 和 Y 的联合分布是二维正态分布，而 a 和 b 是不同时为 0 的实数，则 $aX + bY$ 也服从正态分布：

$$aX + bY \sim N(a\mu_1 + b\mu_2, a^2\sigma_1^2 + b^2\sigma_2^2).$$

特别地，

$$X \pm Y \sim N(\mu_1 \pm \mu_2, \sigma_1^2 + \sigma_2^2).$$

性质 2　假设随机变量 X 和 Y 的相关系数 ρ 存在．如果 $\rho = 0$，则称 X 和 Y 不相关，否则称 X 和 Y 相关；若 $\rho > 0$，则称 X 和 Y 正相关；若 $\rho < 0$，则称 X 和 Y 负相关.

若 X 和 Y 的联合分布是二维正态分布，则相关系数 $\rho = 0$ 是 X 和 Y 独立的充分和必要条件；换句话说，对于联合分布是二维正态分布的 X 和 Y，独立与不相关等价.

（六）二维随机变量函数的概率分布

设二维连续型随机变量 (X, Y) 的联合概率密度为 $f(x, y)$，以 $f_X(x)$ 和 $f_Y(y)$ 分别表示随机变量 X 和 Y 的边际概率密度．当随机变量 X 和 Y 相互独立时，

$$f(x, y) = f_X(x) f_Y(y).$$

1. 和的分布

和 $Z = X + Y$ 是连续型随机变量，其概率密度为

$$f(z) = \int_{-\infty}^{+\infty} f(x, z - x)\mathrm{d}x = \int_{-\infty}^{+\infty} f(z - y, y)\mathrm{d}y.$$

2. 积的分布

积 $Z = XY$ 是连续型随机变量，其概率密度为

$$f(z) = \int_{-\infty}^{+\infty} f\left(x, \frac{z}{x}\right)\frac{\mathrm{d}x}{|x|} = \int_{-\infty}^{+\infty} f\left(\frac{z}{y}, y\right)\frac{\mathrm{d}y}{|y|}.$$

3. 商的分布

商 $Z = X/Y$ 是连续型随机变量，其概率密度为

$$f(z) = \int_{-\infty}^{+\infty} f(zy, y)|y|\mathrm{d}y.$$

4. 最大值分布和最小值分布

设随机变量 X 和 Y 相互独立，且分布函数分别为 $F_X(x)$，$F_Y(y)$，则

（1）$Z=\max\{X, Y\}$ 的分布函数为

$$F_{\max}(z)=P(\max\{X, Y\}\leqslant z)=P(X\leqslant z, Y\leqslant z)=F_X(z)F_Y(z).$$

（2）$Z=\min\{X, Y\}$ 的分布函数为

$$\begin{aligned}F_{\min}(z)&=P(\min\{X, Y\}\leqslant z)=1-P(\min\{X, Y\}>z)\\&=1-P(X>z, Y>z)\\&=1-P(X>z)P(Y>z)\\&=1-[1-F_X(z)][1-F_Y(z)].\end{aligned}$$

二、典型例题及其分析

例 3.1 将两封信投入 3 个编号分别为 1，2，3 的信箱，用 X，Y 分别表示投入第 1，2 号信箱的信的数目，求 (X, Y) 的联合分布及边际分布律，并判断 X 与 Y 是否独立.

【解】将两封信投入 3 个信箱的总投法为 $n=3^2=9$，而 X 和 Y 的可能取值均为 0，1，2，于是，

$P\{X=0, Y=0\}=P$(两封信都投入第 3 号信箱)$=\dfrac{1}{9}$；

$P\{X=1, Y=0\}=P$(两封信中一封投入第 1 号信箱，另一封投入第 3 号信箱)

$$=\frac{C_2^1C_1^1}{9}=\frac{2}{9}.$$

同理可得

$$P\{X=0, Y=1\}=\frac{2}{9};\quad P\{X=1, Y=1\}=\frac{2}{9};$$

$$P\{X=1, Y=2\}=P\{X=2, Y=1\}=P\{X=2, Y=2\}=0.$$

这样，可得 (X, Y) 的联合分布列．又由于

$$P\{X=k\}=\sum_{i=0}^{2}P\{X=k, Y=i\}, k=0, 1, 2,$$

$$P\{X=k\}=\sum_{i=0}^{2}P\{X=i, Y=k\}, k=0, 1\ 2.$$

故所求的分布列如表 3.2 所示.

表 3.2

X \ Y	0	1	2	$P(X=k)$
0	$\frac{1}{9}$	$\frac{2}{9}$	$\frac{1}{9}$	$\frac{4}{9}$
1	$\frac{2}{9}$	$\frac{2}{9}$	0	$\frac{4}{9}$
2	$\frac{1}{9}$	0	0	$\frac{1}{9}$
$P(Y=k)$	$\frac{4}{9}$	$\frac{4}{9}$	$\frac{1}{9}$	1

其中，X 的边际分布列在表的最后一列，Y 的边际分布列在表的最后一行.

由于 $P\{X=0，Y=0\}=\frac{1}{9}$，而

$$P\{X=0\}P\{Y=0\}=\frac{4}{9}\times\frac{4}{9}\neq\frac{1}{9},$$

故 X 与 Y 不独立.

例 3.2　设随机变量 X 和 Y 的联合分布列如表 3.3 所示.

表 3.3

X \ Y	1	2
1	$\frac{1}{8}$	b
2	a	$\frac{1}{4}$
3	$\frac{1}{24}$	$\frac{1}{8}$

（1）求 a，b 应满足的条件；

（2）若 X 与 Y 相互独立，求 a，b 的值.

【解】（1）因为 $\sum_i\sum_j p_{ij}=1$，所以

$$\frac{1}{8}+b+a+\frac{1}{4}+\frac{1}{24}+\frac{1}{8}=1,$$

因此

$$a+b=\frac{11}{24}.$$

（2）由于 X 与 Y 相互独立，即对所有 $(x_i，y_j)$，都有

$$P\{X=x_i，Y=y_j\}=P\{X=x_i\}P\{Y=y_j\}.$$

于是

$$a=P\{X=2，Y=1\}=P\{X=2\}P\{Y=1\}=\left(\frac{1}{4}+a\right)\left(\frac{1}{6}+a\right),$$

解得

$$a=\frac{1}{12}\text{或}a=\frac{1}{2}.$$

同理

$$b=P\{X=1，Y=2\}=P\{X=1\}P\{Y=2\}=\left(\frac{1}{8}+b\right)\left(\frac{3}{8}+b\right),$$

解得

$$b=\frac{1}{8}\text{或}b=\frac{3}{8}.$$

又由 $a+b=\dfrac{11}{24}$，可得

$$a=\frac{1}{12},\quad b=\frac{3}{8}.$$

例 3.3　设 $(X,\ Y)$ 服从区域 $D=\left\{(x,\ y)|0\leqslant y\leqslant 1-x^2\right\}$ 上的均匀分布.

（1）写出 $(X,\ Y)$ 的联合密度函数；

（2）求 X 和 Y 的边际概率密度函数；

（3）求概率 $P(Y\geqslant X^2)$.

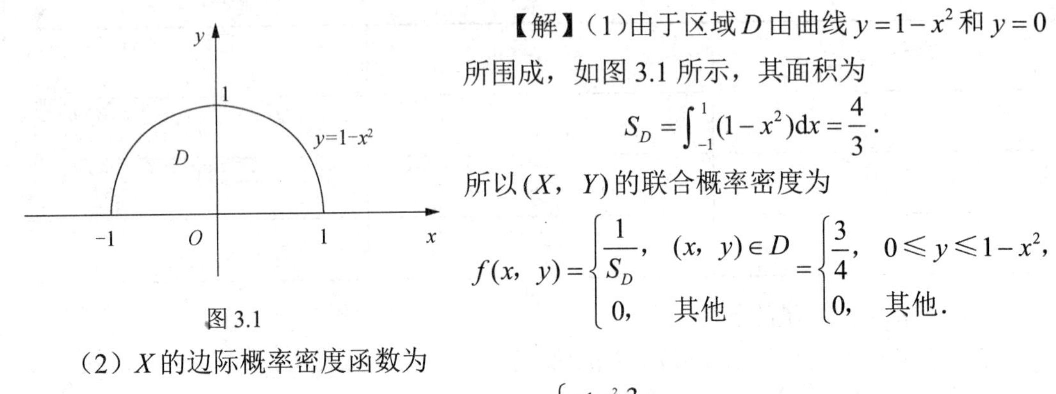

图 3.1

【解】（1）由于区域 D 由曲线 $y=1-x^2$ 和 $y=0$ 所围成，如图 3.1 所示，其面积为

$$S_D=\int_{-1}^{1}(1-x^2)\mathrm{d}x=\frac{4}{3}.$$

所以 $(X,\ Y)$ 的联合概率密度为

$$f(x,\ y)=\begin{cases}\dfrac{1}{S_D}, & (x,\ y)\in D\\ 0, & 其他\end{cases}=\begin{cases}\dfrac{3}{4}, & 0\leqslant y\leqslant 1-x^2,\\ 0, & 其他.\end{cases}$$

（2）X 的边际概率密度函数为

$$f_X(x)=\int_{-\infty}^{+\infty}f(x,\ y)\mathrm{d}y=\begin{cases}\displaystyle\int_0^{1-x^2}\frac{3}{4}\mathrm{d}y, & -1<x<1\\ 0, & 其他\end{cases}$$

$$=\begin{cases}\dfrac{3}{4}(1-x^2), & -1<x<1,\\ 0, & 其他.\end{cases}$$

而 Y 的边际概率密度函数为

$$f_Y(y)=\int_{-\infty}^{+\infty}f(x,\ y)\,\mathrm{d}x=\begin{cases}\displaystyle\int_{-\sqrt{1-y}}^{\sqrt{1-y}}\frac{3}{4}\,\mathrm{d}x, & 0<y<1\\ 0, & 其他\end{cases}$$

$$=\begin{cases}\dfrac{3}{2}\sqrt{1-y}, & 0<y<1,\\ 0, & 其他.\end{cases}$$

（3）记 $G=\{(x,\ y)|\,y\geqslant x^2\}$，则 $G\cap D$ 为图 3.2 中的阴影部分，从而

$$P(Y\geqslant X^2)=P\{(X,\ Y)\in G\}$$

$$=\iint\limits_G f(x,\ y)\,\mathrm{d}x\mathrm{d}y=\iint\limits_{G\cap D}\frac{3}{4}\,\mathrm{d}x\mathrm{d}y$$

$$=\int_{-\frac{\sqrt{2}}{2}}^{\frac{\sqrt{2}}{2}}\mathrm{d}x\int_{x^2}^{1-x^2}\frac{3}{4}\mathrm{d}y=\frac{\sqrt{2}}{2}.$$

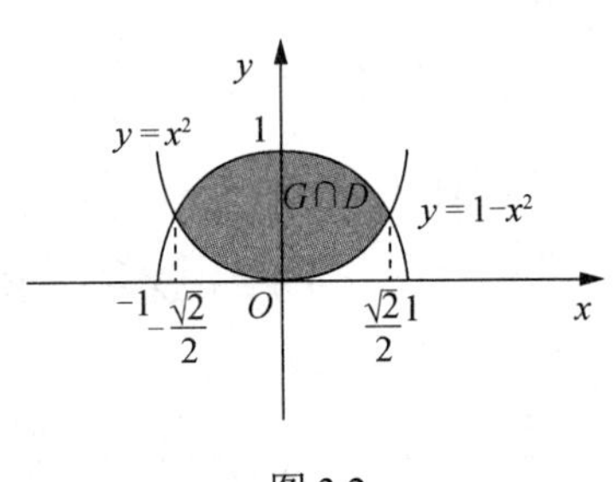

图 3.2

例 3.4　设 X 和 Y 是两个相互独立的随机变量，且 $X \sim U(0,1)$，$Y \sim Exp\left(\frac{1}{2}\right)$，试求关于 a 的二次方程 $a^2+2Xa+Y=0$ 有实根的概率.

【解】由题设知，X 与 Y 的概率密度分别为

$$f_X(x)=\begin{cases}1, & 0<x<1,\\ 0, & \text{其他}\end{cases} \text{和 } f_Y(y)=\begin{cases}\frac{1}{2}e^{-\frac{y}{2}}, & y>0,\\ 0, & y\leqslant 0,\end{cases}$$

由于 X，Y 相互独立，故 X 与 Y 的联合密度为

$$f(x,\ y)=f_X(x)\cdot f_Y(y)=\begin{cases}\frac{1}{2}e^{-\frac{y}{2}}, & 0<x<1,\ y>0,\\ 0, & \text{其他}.\end{cases}$$

又因为方程 $a^2+2Xa+Y-0$ 有实数根当且仅当 $\Lambda=4X^2-4Y\geqslant 0$，故所求概率为

$$P(X^2\geqslant Y)=\iint\limits_{x^2\geqslant y} f(x,\ y)\,dxdy=\iint\limits_{\substack{x^2\geqslant y\\ 0<x<1\\ y>0}}\frac{1}{2}e^{-\frac{y}{2}}dxdy$$

$$=\int_0^1 dx\int_0^{x^2}\frac{1}{2}e^{-\frac{y}{2}}dy=\int_0^1(1-e^{-\frac{x^2}{2}})dx$$

$$=1-\int_0^1 e^{-\frac{x^2}{2}}dx=1-\sqrt{2\pi}[\Phi(1)-\Phi(0)].$$

而

$$\Phi(0)=\frac{1}{2},\ \Phi(1)=0.8413\ (\text{查附表 3}),$$

故方程 $a^2+2Xa+Y=0$ 有实根的概率为 0.1448.

例 3.5　设随机变量 $(X,\ Y)$ 的联合概率密度为

$$f(x,\ y)=\begin{cases}cxe^{-y}, & 0<x<y<+\infty,\\ 0, & \text{其他}.\end{cases}$$

（1）求常数 c；

（2）判断随机变量 X 与 Y 是否独立？为什么？

（3）求 $f_{X|Y}(x|y)$，$f_{Y|X}(y|x)$；

（4）求 $P(X<1|Y<2)$，$P(X<1|Y=2)$；

（5）求 $(X,\ Y)$ 的联合分布函数；

（6）求 $Z=X+Y$ 的密度函数；

（7）求 $P(X+Y<1)$；

（8）求 $P\left(\min\{X,Y\}<1\right)$.

【解】（1）根据 $\int_{-\infty}^{+\infty}\int_{-\infty}^{+\infty}f(x,\ y)dxdy=1$，得

$$1=\int_0^{+\infty}dy\int_0^y cxe^{-y}dx=\frac{c}{2}\int_0^{+\infty}y^2e^{-y}dy=\frac{c}{2}\Gamma(3)=c.$$

这里利用了特殊函数 $\Gamma(\alpha)=\int_0^{+\infty}x^{\alpha-1}\mathrm{e}^{-x}\mathrm{d}x$ 的性质：

$$\Gamma(\alpha+1)=\alpha\Gamma(\alpha)，\ \Gamma(1)=1，$$

故 $c=1$.

（2）先分别计算 X 和 Y 的边际概率密度，即

$$f_X(x)=\int_{-\infty}^{+\infty}f(x,\ y)\mathrm{d}y=\begin{cases}\int_x^{+\infty}x\mathrm{e}^{-y}\mathrm{d}y, & x>0\\ 0, & x\leqslant 0\end{cases}=\begin{cases}x\mathrm{e}^{-x}, & x>0,\\ 0, & x\leqslant 0.\end{cases}$$

$$f_Y(y)=\int_{-\infty}^{+\infty}f(x,\ y)\mathrm{d}x=\begin{cases}\int_0^{y}x\mathrm{e}^{-y}\mathrm{d}x, & y>0\\ 0, & y\leqslant 0\end{cases}=\begin{cases}\dfrac{1}{2}y^2\mathrm{e}^{-y}, & y>0,\\ 0, & y\leqslant 0.\end{cases}$$

由于在 $0<x<y<+\infty$ 上，$f(x,\ y)\neq f_X(x)\cdot f_Y(y)$，故 X 与 Y 不独立.

（3）由条件分布密度的定义，知

$$f_{X|Y}(x\,|\,y)=\frac{f(x,\ y)}{f_Y(y)}=\begin{cases}\dfrac{2x}{y^2}, & 0<x<y<+\infty,\\ 0, & \text{其他}.\end{cases}$$

$$f_{Y|X}(y\,|\,x)=\frac{f(x,\ y)}{f_X(x)}=\begin{cases}\mathrm{e}^{x-y}, & 0<x<y<+\infty,\\ 0, & \text{其他}.\end{cases}$$

（4）由条件概率的定义，知

$$P(X<1\,|\,Y<2)=\frac{P(X<1,\ Y<2)}{P(Y<2)}=\frac{\int_{-\infty}^{1}\int_{-\infty}^{2}f(x,\ y)\mathrm{d}x\mathrm{d}y}{\int_{-\infty}^{2}f_Y(y)\mathrm{d}y}$$

$$=\frac{\int_0^1\mathrm{d}x\int_x^2 x\mathrm{e}^{-y}\mathrm{d}y}{\int_0^2\frac{1}{2}y^2\mathrm{e}^{-y}\mathrm{d}y}=\frac{1-2\mathrm{e}^{-1}-\frac{1}{2}\mathrm{e}^{-2}}{1-5\mathrm{e}^{-2}}.$$

又由条件概率密度公式，得

$$P(X<1\,|\,Y=2)=\int_{-\infty}^{1}f_{X|Y}(x\,|\,2)\mathrm{d}x，$$

而

$$f_{X|Y}(x\,|\,2)=\begin{cases}\dfrac{x}{2}, & 0<x<2,\\ 0, & \text{其他}.\end{cases}$$

故

$$P(X<1\,|\,Y=2)=\int_0^1\frac{x}{2}\mathrm{d}x=\frac{1}{4}.$$

（5）由于 $F(x,\ y)=P(X\leqslant x,\ Y\leqslant y)$，故当 $x<0$ 或 $y<0$ 时，有

$$F(x,\ y)=0.$$

当 $0\leqslant y<x<+\infty$ 时，有

$$F(x,\ y)=P(X\leqslant x,\ Y\leqslant y)=\int_0^y \mathrm{d}v\int_0^v u\mathrm{e}^{-v}\mathrm{d}u=\frac{1}{2}\int_0^y v^2\mathrm{e}^{-v}\mathrm{d}v$$

$$=1-\left(\frac{1}{2}y^2+y+1\right)\mathrm{e}^{-y}.$$

当$0\leqslant x<y<+\infty$时，有

$$F(x,\ y)=P(X\leqslant x,\ Y\leqslant y)=\int_0^x \mathrm{d}u\int_u^y u\mathrm{e}^{-v}\mathrm{d}v=\int_0^x u(\mathrm{e}^{-u}-\mathrm{e}^{-y})\mathrm{d}u$$

$$=1-(x+1)\mathrm{e}^{-x}-\frac{1}{2}x^2\mathrm{e}^{-y}.$$

综上可得

$$F(x,\ y)=\begin{cases}0, & x<0\text{或}y<0,\\ 1-\left(\frac{1}{2}y^2+y+1\right)\mathrm{e}^{-y}, & 0\leqslant y<x<+\infty,\\ 1-(x+1)\mathrm{e}^{-x}-\frac{1}{2}x^2\mathrm{e}^{-y}, & 0\leqslant x<y<+\infty.\end{cases}$$

（6）根据两个随机变量和的概率密度公式，得

$$f_z(z)=\int_{-\infty}^{+\infty}f(x,\ z-x)\mathrm{d}x\ .$$

由于要被积函数$f(x,\ z-x)$非零，所以只有当$0<x<z-x$，即$0<x<\frac{z}{2}$时满足条件，从而有当$z<0$时，

$$f_z(z)=0\ ;$$

当$z\geqslant 0$时，

$$f_z(z)=\int_0^{\frac{\pi}{2}}x\mathrm{e}^{-(z-x)}\mathrm{d}x=\mathrm{e}^{-z}\int_0^{\frac{\pi}{2}}x\mathrm{e}^{x}\mathrm{d}x=\mathrm{e}^{-z}+\left(\frac{z}{2}-1\right)\mathrm{e}^{-\frac{z}{2}}.$$

因此

$$f_z(z)=\begin{cases}\mathrm{e}^{-z}+\left(\frac{z}{2}-1\right)\mathrm{e}^{-\frac{z}{2}}, & z\geqslant 0,\\ 0, & z<0.\end{cases}$$

（7）由于已经求出了$Z=X+Y$的概率密度，故

$$P(X+Y<1)=\int_{-\infty}^{1}f_z(z)\,\mathrm{d}z=\int_0^1\left[\mathrm{e}^{-z}+\left(\frac{z}{2}-1\right)\mathrm{e}^{-\frac{z}{2}}\right]\mathrm{d}z$$

$$=1-\mathrm{e}^{-\frac{1}{2}}-\mathrm{e}^{-1}.$$

（8）由最小值分布的概率公式，得

$$P\left(\min\{X,\ Y\}<1\right)=1-P\left(\min\{X,\ Y\}\geqslant 1\right)=1-P(X\geqslant 1,\ Y\geqslant 1)$$

$$=1-\int_1^{+\infty}\mathrm{d}v\int_0^v u\mathrm{e}^{-v}\mathrm{d}u=1-\frac{1}{2}\int_1^{+\infty}v^2\mathrm{e}^{-v}\mathrm{d}v=1-\frac{5}{2}\mathrm{e}^{-1}.$$

三、典型习题精练

1．袋中装有标号为1，2，2，3的4个球，从中不放回地任取两个球，以X，Y分别表示第1，2次取到的球的号码数，求(X, Y)的联合分布和边际分布．

2．一个袋中装有2个红球、3个白球和4个黑球，从袋中随机取出3个球，设X与Y分别表示取出的红球个数和白球个数，求二维随机变量(X, Y)的联合分布和边际分布．

3．已知随机变量(X, Y)的联合概率分布如表3.4所示．

表3.4

X \ Y	1	2	3	4
1	$\frac{1}{4}$	0	0	$\frac{1}{16}$
2	$\frac{1}{16}$	$\frac{1}{4}$	0	$\frac{1}{4}$
3	0	$\frac{1}{16}$	$\frac{1}{16}$	0

试求：（1）$P(1<X<3.5, 0<Y<4)$；

（2）$P(1\leqslant X\leqslant 2, 3\leqslant Y\leqslant 4)$．

4．袋内有4张卡片，分别写有数字0，1，2，3，每次从中任取两张，记X，Y分别表示取到的两张卡片中的最小数字和最大数字，求(X, Y)的联合分布及其边际分布．

5．若随机变量(X, Y)的联合概率密度函数为

$$f(x, y)=\begin{cases} A\sin x\sin y, & 0<x<\pi, 0<y<\pi, \\ 0, & \text{其他}. \end{cases}$$

试求：

（1）常数A；

（2）X的边际概率密度；

（3）$P(X<Y)$，$P\{X=Y\}$．

6．设随机变量(X, Y)的联合分布函数为

$$F(x, y)=A\left(B+\arctan\frac{x}{2}\right)\left(\frac{\pi}{2}+\arctan\frac{y}{3}\right),$$

试确定A，B的取值．

7．设随机变量(X, Y)的联合概率密度函数为

$$f(x, y)=\begin{cases} 4xy, & 0<x<1, 0<y<1, \\ 0, & \text{其他}, \end{cases}$$

求随机变量 (X, Y) 的联合分布函数.

8．设随机变量 (X, Y) 的联合密度函数为

$$f(x, y)=\begin{cases} cx^2y, & x^2 \leqslant y \leqslant 1, \\ 0, & \text{其他}, \end{cases}$$

试求：

（1）常数 c；

（2）X 和 Y 的边际密度函数.

9．已知随机变量 X，Y 的概率分布分别如表 3.5 和表 3.6 所示.

表 3.5

X	-1	0	1
P	$\frac{1}{4}$	$\frac{1}{2}$	$\frac{1}{4}$

表 3.6

Y	0	1
P	$\frac{1}{2}$	$\frac{1}{2}$

若 $P\{XY=0\}=1$，试求：

（1）X 和 Y 联合概率分布；

（2）判定 X 和 Y 的独立性.

10．已知随机变量 (X, Y) 的联合概率密度为

$$f(x, y)=\begin{cases} c, & 0 \leqslant x \leqslant 1, 0 \leqslant y \leqslant 2x, \\ 0, & \text{其他}, \end{cases}$$

试求：

（1）常数 c；

（2）X 和 Y 的边际概率密度；

（3）X 和 Y 是否独立.

11．设随机变量 X 和 Y 相互独立，且 $X \sim Exp(\lambda)$，$Y \sim U(0, 1)$，求 $Z=X+Y$ 的概率密度函数.

12．设随机变量 X 与 Y 相互独立，且 $X \sim N(0, 1)$，$P\{Y=-1\}=\frac{1}{4}$，$P\{Y=1\}=\frac{3}{4}$，求 $Z=XY$ 的概率密度 $f_Z(z)$.

四、典型习题参考答案

1．如表 3.7 所示.

表 3.7

$X \backslash Y$	1	2	3	$p_{i\cdot}$
1	0	$\frac{1}{6}$	$\frac{1}{12}$	$\frac{1}{4}$
2	$\frac{1}{6}$	$\frac{1}{6}$	$\frac{1}{6}$	$\frac{1}{2}$
3	$\frac{1}{12}$	$\frac{1}{6}$	0	$\frac{1}{4}$
$p_{\cdot j}$	$\frac{1}{4}$	$\frac{1}{2}$	$\frac{1}{4}$	1

2．如表 3.8 所示．

表 3.8

$X \backslash Y$	0	1	2	3	$p_{i\cdot}$
0	$\frac{4}{84}$	$\frac{18}{84}$	$\frac{12}{84}$	$\frac{1}{84}$	$\frac{35}{84}$
1	$\frac{12}{84}$	$\frac{24}{84}$	$\frac{6}{84}$	0	$\frac{42}{84}$
2	$\frac{4}{84}$	$\frac{3}{84}$	0	0	$\frac{7}{84}$
$p_{\cdot j}$	$\frac{20}{84}$	$\frac{45}{84}$	$\frac{18}{84}$	$\frac{1}{84}$	1

3．（1）$\frac{7}{16}$；　　（2）$\frac{5}{16}$．

4．如表 3.9 所示．

表 3.9

$X \backslash Y$	1	2	3	$p_{i\cdot}$
0	$\frac{1}{6}$	$\frac{1}{6}$	$\frac{1}{6}$	$\frac{1}{2}$
1	0	$\frac{1}{6}$	$\frac{1}{6}$	$\frac{1}{3}$
2	0	0	$\frac{1}{6}$	$\frac{1}{6}$
$p_{\cdot j}$	$\frac{1}{6}$	$\frac{1}{3}$	$\frac{1}{2}$	1

5．（1）$A=\frac{1}{4}$；　（2）$f_X(x)=\begin{cases}\frac{1}{2}\sin x, & 0<x<\pi,\\ 0, & \text{其他};\end{cases}$　（3）$\frac{1}{2}$，0．

6．$A=\frac{1}{\pi^2}$，$B=\frac{\pi}{2}$．

7. $F(x, y)=\begin{cases}1, & x\geqslant 1,\ y\geqslant 1,\\ y^2, & 0<y<1,\ x\geqslant 1,\\ x^2, & 0<x<1,\ y\geqslant 1,\\ x^2y^2, & 0<x<1,\ 0<y<1,\\ 0, & \text{其他}.\end{cases}$

8.（1）$c=\dfrac{21}{4}$；

（2）$f_X(x)=\begin{cases}\dfrac{21}{8}x^2(1-x^4), & -1\leqslant x\leqslant 1,\\ 0, & \text{其他}.\end{cases}$　$f_Y(y)=\begin{cases}\dfrac{7}{2}y^{\frac{5}{2}}, & 0\leqslant y\leqslant 1,\\ 0, & \text{其他}.\end{cases}$

9.（1）如表 3.10 所示.

表 3.10

X \ Y	-1	0	1	$p_{i\cdot}$
0	$\frac{1}{4}$	0	$\frac{1}{4}$	$\frac{1}{2}$
1	0	$\frac{1}{2}$	0	$\frac{1}{2}$
$p_{\cdot j}$	$\frac{1}{4}$	$\frac{1}{2}$	$\frac{1}{4}$	1

（2）X 与 Y 不相互独立.

10.（1）$c=1$；

（2）$f_X(x)=\begin{cases}2x, & 0\leqslant x\leqslant 1,\\ 0, & \text{其他},\end{cases}$　$f_Y(y)=\begin{cases}1-\dfrac{y}{2}, & 0\leqslant y\leqslant 2,\\ 0, & \text{其他};\end{cases}$

（3）X 与 Y 不相互独立.

11. $f_Z(z)=\begin{cases}0, & z\leqslant 0,\\ 1-\mathrm{e}^{-\lambda z}, & 0<z\leqslant 1,\\ \mathrm{e}^{\lambda-\lambda z}-\mathrm{e}^{-\lambda z}, & z>1.\end{cases}$

12. $f_Z(z)=\dfrac{1}{\sqrt{2\pi}}\mathrm{e}^{-\frac{z^2}{2}}\quad(-\infty<z<+\infty)$.

第4章　随机变量的数字特征

一、内容提要

（一）随机变量的数学期望

1. 离散型随机变量的数学期望

（1）定义：

定义 4.1　设离散型随机变量 X 的概率函数为

$$P\{X=x_i\}=p_i,\ i=1,\ 2,\ \cdots,$$

若级数 $\sum\limits_{i=1} x_i p_i$ 绝对收敛，则称之为随机变量 X 的数学期望（或均值），以下简称期望，记作 EX，即

$$EX=\sum_{i=1}^{\infty} x_i p_i .$$

（2）常用分布的数学期望：

① 0–1 分布：设 $X\sim B(1,\ p)$，其概率函数如表 4.1 所示.

表 4.1

X	0	1
P	q	p

其中，$q=1-p$.

由期望的定义公式，计算得

$$EX=0\times q+1\times p=p .$$

② 二项分布：设 $X\sim B(n,\ p)$，其概率函数为

$$P\{X=i\}=\mathrm{C}_n^i p^i q^{n-i},\ i=0,\ 1,\ \cdots,\ n.$$

由期望的定义公式，计算得

$$EX=\sum_{i=0}^{n} i\cdot P\{X=i\}=\sum_{i=0}^{n}\frac{i\cdot n!}{i!(n-i)!}p^i q^{n-i}$$

$$=np\sum_{i=1}^{n}\frac{(n-1)!}{(i-1)!(n-i)!}p^{i-1}q^{n-i}=np(p+q)^{n-1}=np .$$

③ 泊松分布：设 $X\sim P(\lambda)$，其概率函数为

$$P\{X=i\}=\frac{\lambda^i}{i!}\mathrm{e}^{-\lambda},\ i=0,\ 1,\ 2,\ \cdots,$$

由期望的定义公式，有

$$EX=\sum_{i=0}^{\infty}i\cdot P(X=i)=\sum_{i=0}^{\infty}i\frac{\lambda^i}{i!}\mathrm{e}^{-\lambda}=\sum_{i=1}^{\infty}\lambda\frac{\lambda^{i-1}}{(i-1)!}\mathrm{e}^{-\lambda}$$

$$=\lambda\mathrm{e}^{-\lambda}\sum_{k=0}^{\infty}\frac{\lambda^k}{k!}=\lambda\mathrm{e}^{-\lambda}\cdot\mathrm{e}^{\lambda}=\lambda .$$

2. 连续型随机变量的数学期望

（1）定义：

定义 4.2　设连续型随机变量 X 具有概率密度 $f(x)$，如果 $\int_{-\infty}^{+\infty}xf(x)\mathrm{d}x$ 绝对收敛，则称它为 X 的数学期望（或均值），以下简称期望，记作 EX，即

$$EX=\int_{-\infty}^{+\infty}xf(x)\mathrm{d}x .$$

（2）常用分布的数学期望：

① 均匀分布：设 $X\sim U[a,\ b]$，概率密度函数为

$$f(x)=\begin{cases}\dfrac{1}{b-a}, & a\leqslant x\leqslant b,\\ 0, & \text{其他}.\end{cases}$$

计算得

$$EX=\int_{-\infty}^{+\infty}xf(x)\mathrm{d}x=\int_a^b\frac{1}{b-a}x\mathrm{d}x=\frac{a+b}{2},$$

它是区间$[a,\ b]$的中点，这与期望的原意（随机变量取值的平均）相符.

② 指数分布：设 $X\sim Exp(\lambda)$，其概率密度函数为

$$f(x)=\begin{cases}\lambda\mathrm{e}^{-\lambda x}, & x>0,\\ 0, & x\leqslant 0,\end{cases}$$

其中 $\lambda>0$，则

$$EX=\int_{-\infty}^{+\infty}xf(x)\mathrm{d}x=\int_0^{+\infty}\lambda x\mathrm{e}^{-\lambda x}\mathrm{d}x=\frac{1}{\lambda}.$$

③ 正态分布：设 $X\sim N(\mu,\ \sigma^2)$，则

$$EX=\int_{-\infty}^{+\infty}xf(x)\mathrm{d}x=\int_{-\infty}^{+\infty}x\frac{1}{\sqrt{2\pi}\sigma}\mathrm{e}^{-\frac{(x-\mu)^2}{2\sigma^2}}\mathrm{d}x$$

$$=\frac{1}{\sqrt{2\pi}}\int_{-\infty}^{+\infty}(\sigma t+\mu)\mathrm{e}^{-\frac{t^2}{2}}\mathrm{d}t\quad\left(\text{令}t=\frac{x-\mu}{\sigma}\right)$$

$$=\frac{1}{\sqrt{2\pi}}\int_{-\infty}^{+\infty}\sigma t\mathrm{e}^{-\frac{t^2}{2}}\mathrm{d}t+\frac{1}{\sqrt{2\pi}}\int_{-\infty}^{+\infty}\mu\mathrm{e}^{-\frac{t^2}{2}}\mathrm{d}t$$

$$=0+\mu=\mu .$$

3. 数学期望的基本性质

性质 1　设 c 是常数，则 $E(c)=c$.

性质 2 设 X 是随机变量，c 是常数，则 $E(cX)=cEX$.

性质 3 设 X，Y 是任意两个随机变量，则 $E(X+Y)=EX+EY$.

性质 3 可推广到任意有限个随机变量的情况，即

$$E(X_1+X_2+\cdots+X_n)=EX_1+EX_2+\cdots+EX_n .$$

不难得出

$$E\left(\frac{1}{n}\sum_{i=1}^{n}X_i\right)=\frac{1}{n}\sum_{i=1}^{n}EX_i ,$$

即 n 个随机变量的算术平均值的期望等于这 n 个随机变量期望的算术平均数.

性质 4 设 X，Y 是两个相互独立的随机变量，则有 $E(XY)=EX\cdot EY$.

（二）随机变量的方差

1. 定义

定义 4.3 设 X 为随机变量，若 $E(X-EX)^2$ 存在，则称之为 X 的方差，记作 DX 或 $\mathrm{Var}X$ ，即 $DX=E(X-EX)^2$. 称 $\sqrt{DX}$ 为 X 的标准差.

另一个关系式是

$$DX=EX^2-(EX)^2 .$$

2. 常用分布的方差

（1）0–1 分布：设 $X\sim B(1，p)$，其概率函数如表 4.2 所示.

表 4.2

X	0	1
P	q	p

其中，$q=1-p$. 按期望公式，有

$$EX^2=0^2\cdot q+1^2\cdot p=p .$$

于是

$$DX=EX^2-(EX^2)=pq .$$

（2）二项分布：设 $X\sim B(n，p)$，由于 $EX=np$ ，则对于 EX^2 ，有

$$\begin{aligned}EX^2&=\sum_{i=1}^{n}i^2\mathrm{C}_n^i p^i q^{n-i}=\sum_{i=1}^{n}i^2\frac{n!}{i!(n-i)!}p^i q^{n-i}\\&=\sum_{i=0}^{n}[(i-1)+1]\frac{n!}{(i-1)!(n-i)!}p^i q^{n-i}\\&=\sum_{i=0}^{n}(i-1)\frac{n(n-1)(n-2)!}{(i-1)(n-i)!}p^2 p^{i-2}q^{(n-2)-(i-1)}\\&=\sum_{i=0}^{n}\frac{n!}{(i-1)!(n-i)!}p^i q^{n-i}\end{aligned}$$

$$= n(n-1)p^2\sum_{i=0}^{n-2}\frac{(n-2)!}{i!(n-2-i)!}p^i q^{n-2-i} + np$$
$$= n(n-1)p^2 + np .$$

于是

$$DX = EX^2 - (EX^2) = npq .$$

（3）泊松分布：设 $X \sim P(\lambda)$，由于 $EX = \lambda$，则有

$$EX^2 = \sum_{k=0}^{\infty}k^2\frac{\lambda^k}{k!}\mathrm{e}^{-\lambda} = \sum_{k=1}^{\infty}((k-1)+1)\frac{\lambda^k}{(k-1)!}\mathrm{e}^{-\lambda}$$
$$= \lambda^2\sum_{k=2}^{\infty}\frac{\lambda^{k-2}}{(k-2)!}\mathrm{e}^{-\lambda} + \sum_{k=1}^{\infty}\frac{\lambda^k}{(k-1)!}\mathrm{e}^{-\lambda} = \lambda^2 + \lambda.$$

于是

$$DX = EX^2 - (EX^2) = \lambda .$$

（4）均匀分布：设 $X \sim U[a,\ b]$，其概率密度函数为

$$f(x) = \begin{cases} \dfrac{1}{b-a}, & a \leqslant x \leqslant b, \\ 0, & \text{其他}. \end{cases}$$

由于

$$EX = \frac{b+a}{2},$$

$$E(X^2) = \frac{1}{b-a}\int_a^b x^2\mathrm{d}x = \frac{b^3-a^3}{3(b-a)} = \frac{1}{3}(b^2+ab+a^2),$$

由此得

$$DX = EX^2 - (EX^2) = \frac{(b-a)^2}{12}.$$

（5）指数分布：设 $X \sim P(\lambda)$，其概率密度函数为

$$f(x) = \begin{cases} \lambda\mathrm{e}^{-\lambda x}, & x > 0, \\ 0, & x \leqslant 0, \end{cases}$$

其中 $\lambda > 0$．由于

$$EX = \frac{1}{\lambda},$$

$$EX^2 = \lambda\int_0^{+\infty}x^2\mathrm{e}^{-\lambda x}\mathrm{d}x = \frac{1}{\lambda^2}\int_0^{+\infty}t^2\mathrm{e}^{-t}\mathrm{d}t = \frac{1}{\lambda^2}\Gamma(3) = \frac{2}{\lambda^2},$$

于是

$$DX = EX^2 - (EX^2) = \frac{2}{\lambda^2} - \left(\frac{1}{\lambda}\right)^2 = \frac{1}{\lambda^2}.$$

（6）正态分布：设 $X \sim N(\mu,\ \sigma^2)$，由于 $EX = \mu$，于是

$$DX = E(X-\mu)^2 = \int_{-\infty}^{+\infty}(x-\mu)^2\frac{1}{\sqrt{2\pi}\sigma}\mathrm{e}^{-\frac{(x-\mu)^2}{2\sigma^2}}\mathrm{d}x .$$

作变换 $t=\dfrac{x-\mu}{\sigma}$，则

$$DX=\frac{\sigma^2}{\sqrt{2\pi}}\int_{-\infty}^{+\infty}t^2\mathrm{e}^{-\frac{t^2}{2}}\mathrm{d}t .$$

容易验算

$$\frac{1}{\sqrt{2\pi}}\int_{-\infty}^{+\infty}t^2\mathrm{e}^{-\frac{t^2}{2}}\mathrm{d}t=1 ,$$

所以 $DX=\sigma^2$.

3. 方差的性质

性质 1 设 c 是常数，则 $D(c)=0$.

性质 2 设 X 是随机变量，a 和 b 是常数，则 $D(a+bX)=b^2DX$.

性质 3 设 X，Y 是两个相互独立的随机变量，则 $D(X+Y)=DX+DY$.

性质 4 设 X，Y 是两个任意的随机变量，则有

$$D(X\pm Y)=DX\pm 2E(X-EX)(Y-EY)+DY .$$

4. 切比雪夫不等式

设 X 的期望与方差都存在，则对任意 $\varepsilon>0$，有

$$P(|X-EX|\geqslant\varepsilon)\leqslant\frac{DX}{\varepsilon^2} ,$$

或

$$P(|X-EX|\leqslant\varepsilon)\geqslant 1-\frac{DX}{\varepsilon^2} .$$

从切比雪夫不等式可以看出，随机变量 X 的方差较小，则 X 的取值越集中在其“中心” EX 的附近；方差较小，X 取值在区间 $(EX-\varepsilon，EX+\varepsilon)$ 外的概率越小，即越集中在区间 $(EX-\varepsilon，EX+\varepsilon)$ 内．这也表明 DX 的大小体现了 X 取值的分散程度．

（三）协方差与相关系数

1. 协方差

（1）定义：

定义 4.4 称 $E[(X-EX)(Y-EY)]$ 为随机变量 X 与 Y 的协方差，记为 $\mathrm{Cov}(X，Y)$，即

$$\mathrm{Cov}(X，Y)=E[(X-EX)(Y-EY)] .$$

由数学期望的性质，从上式不难得出

$$\mathrm{Cov}(X，Y)=E(XY)-EX\cdot EY ,$$

此式更适用于协方差的计算．

（2）协方差的性质：

性质 1 $\mathrm{Cov}(X，Y)=\mathrm{Cov}(Y，X)$.

性质 2 若 a，b 为两个任意常数，则 $\mathrm{Cov}(aX，bY)=ab\mathrm{Cov}(X，Y)$.

性质 3　$\mathrm{Cov}(X_1+X_2, Y)=\mathrm{Cov}(X_1, Y)+\mathrm{Cov}(X_2, Y)$.

性质 4　$D(X+Y)=DX+DY+2\mathrm{Cov}(X, Y)$.

2. 相关系数

定义 4.5　设 X 与 Y 是两个随机变量，$DX>0$，$DY>0$，则称

$$\rho=\frac{\mathrm{Cov}(X,Y)}{\sqrt{DX\cdot DY}}=\frac{\sigma_{XY}}{\sqrt{\sigma_{XX}\cdot\sigma_{YY}}}$$

为随机变量是 X 和 Y 的相关系数.

定理　设 ρ 是 X 与 Y 的相关系数，则有

（1）$|\rho|\leqslant 1$.

（2）如果 X 与 Y 相互独立，则 $\rho=0$.

（3）$|\rho|=1$ 的充要条件是存在常数 a，b，使 $P(Y=a+bX)=1$.

二、典型例题及其分析

例 4.1　设随机变量 X 的概率密度为

$$f(x)=\begin{cases}\dfrac{1}{2}\cos\dfrac{x}{2}, & 0\leqslant x\leqslant\pi,\\ 0, & \text{其他},\end{cases}$$

对 X 独立地重复观察 4 次，用 Y 表示观测值大于 $\dfrac{\pi}{3}$ 的次数，求 EY^2.

【解】显然 Y 满足二项分布，观察次数 $n=4$，而概率 p 可以通过 X 来求得. 因为

$$P\left(X>\frac{\pi}{3}\right)=\int_{\frac{\pi}{3}}^{+\infty}\frac{1}{2}\cos\frac{x}{2}\mathrm{d}x=\frac{1}{2},$$

所以 Y 服从 $B\left(4, \dfrac{1}{2}\right)$. 于是有

$$EY=4\times\frac{1}{2}=2,\quad DY=4\times\frac{1}{2}\times\left(1-\frac{1}{2}\right)=1.$$

故

$$EY^2=DY+(EY)^2=1+2^2=5.$$

例 4.2　设 A, B 为随机事件，并且 $P(A)=\dfrac{1}{4}$，$P(B|A)=\dfrac{1}{3}$，$P(A|B)=\dfrac{1}{2}$，令

$$X=\begin{cases}1, & A\text{发生},\\ 0, & A\text{不发生},\end{cases}\quad Y=\begin{cases}1, & B\text{发生},\\ 0, & B\text{不发生},\end{cases}$$

求二维随机变量 (X, Y) 的联合概率函数与协方差 $\mathrm{Cov}(X, Y)$.

【解】利用事件的等价关系，注意到 $P\{X=1, Y=1\}=P(AB)$，于是有

$$P\{X=1, Y=1\}=P(AB)=P(B|A)P(A)=\frac{1}{3}\times\frac{1}{4}=\frac{1}{12},$$

$$P\{X=1，\ Y=0\}=P(A\overline{B})=P(A)P(AB)=\frac{1}{4}-\frac{1}{12}=\frac{1}{6}，$$

$$P\{X=0，\ Y=1\}=P(\overline{A}B)=P(B)P(AB)=\frac{P(AB)}{P(A|B)}-P(AB)=\frac{1}{12}，$$

$$P\{X=0，\ Y=0\}=1-P\{X=1，\ Y=1\}-P\{X=1，\ Y=0\}-P\{X=0，\ Y=1\}=\frac{2}{3}.$$

则随机变量$(X，Y)$的联合概率函数如表 4.3 所示.

表 4.3

X \ Y	0	1
0	$\frac{2}{3}$	$\frac{1}{12}$
1	$\frac{1}{6}$	$\frac{1}{12}$

容易得到，X，Y 的边际概率函数为

$$P\{X=0\}=\frac{3}{4}，\ P\{X=1\}=\frac{1}{4}，$$

$$P\{Y=0\}=\frac{5}{6}，\ P\{Y=1\}=\frac{1}{6}，$$

则

$$EX=\frac{1}{4}，DX=\frac{3}{16}，EY=\frac{1}{6}，DY=\frac{5}{36}，E(XY)=\frac{1}{12}，\mathrm{Cov}(X，Y)=\frac{1}{24}.$$

例 4.3　袋中装有标上号码 1，2，2 的 3 个球，从中不放回地任取两个球，记 X，Y 分别为第一次和第二次取到的球上的号码数，求 X 与 Y 的协方差.

【解】X 与 Y 的联合分布列如表 4.4 所示.

表 4.4

X \ Y	1	2
1	0	$\frac{1}{3}$
2	$\frac{1}{3}$	$\frac{1}{3}$

由对称性知 X 与 Y 的边际分布列相同，即

$$P\{X=1\}=P\{Y=1\}=\frac{1}{3}，\ P(X=2)=P(Y=2)=\frac{2}{3}，$$

$$EX=EY=1\times\frac{1}{3}+2\times\frac{2}{3}=\frac{5}{3}，$$

$$E(XY)=\sum_{i=1}^{2}\sum_{j=1}^{2}ijP\{X=i，\ y=j\}=2\times\frac{1}{3}+2\times\frac{1}{3}+4\times\frac{1}{3}=\frac{8}{3}，$$

于是有

$$\text{Cov}(X, Y)=E(XY)-EX\cdot EY=\frac{8}{3}-\frac{5^2}{3^2}=-\frac{1}{9}.$$

例 4.4　已知随机变量 X，Y 及 XY 的分布列如表 4.5～表 4.7 所示.

表 4.5

X	0	1	2
P	$\frac{1}{2}$	$\frac{1}{3}$	$\frac{1}{6}$

表 4.6

Y	0	1	2
P	$\frac{1}{3}$	$\frac{1}{3}$	$\frac{1}{3}$

表 4.7

XY	0	1	2	4
P	$\frac{7}{12}$	$\frac{1}{3}$	0	$\frac{1}{12}$

求 $\text{Cov}(X-Y, Y)$ 与 ρ_{XY}.

【解】由表中数据，得

$$EX=\frac{2}{3},\ EX^2=1,\ DX=EX^2-(EX)^2=\frac{5}{9};$$

$$EY=1,\ EY^2=\frac{5}{3},\ DY=EY^2-(EY)^2=\frac{5}{3}-1^2=\frac{2}{3};$$

$$E(XY)=\frac{2}{3},\ \text{Cov}(X, Y)=E(XY)-EX\cdot EY=0,$$

$$\text{Cov}(X-Y, Y)=\text{Cov}(X, Y)+\text{Cov}(-Y, Y)=0-DY=-\frac{2}{3};$$

$$\rho_{XY}=\frac{\text{Cov}(X, Y)}{\sqrt{DX\cdot DY}}=0.$$

例 4.5　已知随机变量 $X\sim N(0, 1)$，$Y\sim N(1, 4)$，且相关系数 $\rho_{XY}=1$，试判定下列各项是否正确？

① $P\{Y=-2X-1\}=1$；　　② $P\{Y=2X-1\}=1$；

③ $P\{Y=-2X+1\}=1$；　　④ $P\{Y=2X+1\}=1$.

【解】由于 $\rho_{XY}=1$ 知，由定理 4.1 中的（3），知一定存在常数 a，b，使

$$P\{Y=aX+b\}=1,\ EY=E(aX+b)=aEX+b,\ DY=D(aX+b)=a^2DX.$$

再由 $X\sim N(0, 1)$，$Y\sim N(1, 4)$，有

$$EX=0,\ DX=1,\ EY=1,\ DY=4,$$

从而得

$$\begin{cases}a=-2\\b=1\end{cases}\text{ 或 }\begin{cases}a=2\\b=1\end{cases}.$$

由于 X 与 Y 正相关，故得 $\begin{cases}a=2\\b=1\end{cases}$，从而有 $P\{Y=2X+1\}=1$. 故④正确.

例 4.6　设随机变量 X 与 Y 的数学期望分别为-2 和 2，方差分别为 1 和 4，而相关系数为-0.5，利用切比雪夫不等式估计 $P(|X+Y|\geqslant 6)\leqslant$________.

【解】由题意知

$$\text{Cov}(X, Y)=\sqrt{DX\cdot DY}\rho=2\times(-0.5)=-1,$$

故

$$D(X+Y)=DX+DY+2\text{Cov}(X, Y)=1+4+2\times(-1)=3.$$

又

$$E(X+Y)=EX+EY=-2+2=0,$$

由切比雪夫不等式，得

$$P(|X+Y|\geqslant 6)\leqslant\frac{D(X+Y)}{6^2}=\frac{1}{12}.$$

三、典型习题精练

1．已知离散型随机变量 X 的可能取值为$-1, 0, 1$，$EX=0.1$，$EX^2=0.9$，求 $P\{X=-1\}$，$P\{X=0\}$和 $P\{X=1\}$.

2．设随机变量 X 的概率密度为 $f(x)=\begin{cases}x, & 0\leqslant x\leqslant 1,\\ 2-x, & 1<x\leqslant 2,\\ 0, & 其他,\end{cases}$ 求 EX.

3．设随机变量 X 的概率密度为 $f(x)=\begin{cases}a+bx, & 0\leqslant x\leqslant 1,\\ 0, & 其他,\end{cases}$ $EX=0.6$，求常数 a，b.

4．设 X 与 Y 是两个相互独立的随机变量，已知 X 在区间[1，9]上服从均匀分布，Y 服从参数为 1/2 的泊松分布，求 $E(XY)$和 $D(X+Y)$.

5．设 X 是随机变量，若 DX 存在，试证：对任意常数 c，有 $E(X-c)^2\geqslant DX$.

6．设二维随机变量(X, Y)服从 $N(\mu, \mu, \sigma^2, \sigma^2, 0)$，求 $E(XY^2)$.

7．已知随机变量(X, Y)的联合概率分布如表 4.8 所示.

表 4.8

X \ Y	−1	0	1
−1	0.1	0.3	0.1
1	0.2	0.1	0.2

求相关系数 ρ_{XY}.

8．设二维随机变量(X, Y)的概率密度函数为 $f(x, y)=\begin{cases}\dfrac{1}{\pi}, & x^2+y^2\leqslant 1,\\ 0, & 其他,\end{cases}$ 求相关系数 ρ_{XY}.

9．设二维随机变量(X, Y)的概率密度函数为

$$f(x, y)=\begin{cases}\dfrac{1}{8}(x+y), & 0\leqslant x\leqslant 2,\ 0\leqslant y\leqslant 2,\\ 0, & 其他,\end{cases}$$

求相关系数 ρ_{XY}.

10．已知随机变量 X 与 Y 的相关系数 $\rho=0.5$，且 $EX=EY$，$DX=\dfrac{1}{4}DY$，利用切比雪夫不等式估计 $P(|X-Y|\geqslant\sqrt{DY})$.

11．设随机变量 X，Y 相互独立，且都服从正态分布 $N(0, \sigma^2)$，$U = aX + bY$，$V = aX - bY$（a，b 均为非零常数），试求 U 和 V 的相关系数．

12．设 $EX = 2$，$EY = 4$，$DX = 4$，$DY = 9$，$\rho_{XY} = -0.5$，试求：

（1）$Z = 3X^2 - 2XY + Y^2 - 3$ 的数学期望；

（2）$W = 3X - Y + 5$ 的方差．

13．设随机变量(X, Y)的联合概率密度为 $f(x, y) = \begin{cases} 1, & 0 \leqslant x, y \leqslant 1, \\ 0, & 其他, \end{cases}$ 令 $Z = 2X - Y$，求 $\mathrm{Cov}(X, Z)$．

14．设随机变量 U 在区间$[-2, 2]$上服从均匀分布，随机变量 $X = \begin{cases} -1, & U \leqslant -1, \\ 1, & U > -1, \end{cases}$ 随机变量 $Y = \begin{cases} -1, & U \leqslant 1, \\ 1, & U > 1, \end{cases}$ 求 $D(X+Y)$．

四、典型习题参考答案

1．$P\{X = -1\} = 0.4$，$P\{X = 0\} = 0.1$，$P\{X = 1\} = 0.5$．

2．$EX = 1$．

3．$a = 0.4$，$b = 1.2$．

4．$E(XY) = \dfrac{5}{2}$；$D(X + Y) = DX + DY = \dfrac{35}{6}$．

5．证明：
$$\begin{aligned} E(X-c)^2 &= E(X^2 - 2cX + c^2) = E(X^2) - 2cEX + c^2 \\ &= E(X^2) - (EX)^2 + c^2 - 2cEX + (EX)^2 \\ &= E(X^2) - (EX)^2 + (EX - c)^2 \\ &= DX + (EX - c)^2 . \end{aligned}$$

因为$(EX - c)^2 \geqslant 0$，所以$E(X - c)^2 \geqslant DX$．

6．$\mu(\sigma^2 + \mu^2)$．

7．0．

8．0．

9．$-\dfrac{1}{11}$．

10．$\dfrac{3}{4}$．

11．$\dfrac{a^2 - b^2}{a^2 + b^2}$．

12．（1）36；　　　　（2）63．

13．$\dfrac{1}{6}$．

14．2．

第 5 章　大数定律与中心极限定理

一、内容提要

（一）大数定律

定义 5.1　设$\{X_n\}$，$n=1$，2，…及X为定义在同一概率空间(Ω, F, P)上的一列均值存在的随机变量，若

$$\frac{1}{n}\left[\sum_{i=1}^{n} X_i-\sum_{i=1}^{n} E X_i\right] \xrightarrow[n \to \infty]{P} 0,$$

则称$\{X_n\}$，$n=1$，2，…服从弱大数定律，简称服从大数定律.

定理 5.1（切比雪夫大数定律）　设$\{X_n\}$，$n=1$，2，…及X为定义在同一概率空间(Ω, F, P)上的一列相互独立、均值与方差存在，且方差一致有界的随机变量，则$\{X_n\}$，$n=1$，2，…服从大数定律.

定理 5.2（伯努利大数定律）　在独立试验序列中，当试验次数n无限增加时，事件A发生的频率$\frac{X}{n}$（X是n次试验中事件A发生的次数）满足:

$$\frac{X}{n}=\frac{X_1+X_2+\cdots+X_n}{n} \xrightarrow[n \to \infty]{P} p,$$

其中，$P(A)=p$，X_i是第i次试验中A发生的次数，满足参数为p的 0-1 分布．这个定律说明在试验条件不变的情况下，重复进行多次试验时，任何事件A发生的频率将趋向于概率.

定理 5.3（辛钦大数定律）　如果X_1，X_2，…是相互独立并且具有相同分布的随机变量序列，则它服从大数定律的充分必要条件是$\{X_i\}$，$i=1$，2，…均值有限.

（二）中心极限定理

定理 5.4（中心极限定理）　设随机变量X_1，X_2，…独立同分布，且均值和方差存在，即

$$EX_i=\mu,\ i=1, 2, \cdots,\ DX_i=\sigma^2,$$

令

$$Y=\frac{\sum_{i=1}^{n} X_i-n\mu}{\sqrt{n}\sigma},$$

则有

$$P(Y \leqslant x)=\frac{1}{\sqrt{2\pi}} \int_{-\infty}^{x} \mathrm{e}^{-\frac{t^2}{2}} \mathrm{d} t=\Phi(x).$$

即当 n 足够大时，Y 近似服从标准正态分布.

定理 5.5（拉普拉斯定理）　设 $X \sim B(n,\ p)$，则有

（1）局部极限定理：当 $n \to \infty$ 时

$$P\{X=k\}=\frac{1}{\sqrt{2\pi npq}}\mathrm{e}^{-\frac{(k-np)^2}{2npq}}=\frac{1}{\sqrt{npq}}\varphi\left(\frac{k-np}{\sqrt{npq}}\right).$$

（2）积分极限定理：当 $n \to \infty$ 时，

$$P(a<X<b)=\Phi\left(\frac{b-np}{\sqrt{npq}}\right)-\Phi\left(\frac{a-np}{\sqrt{npq}}\right).$$

二、典型例题及其分析

例 5.1　一个零部件的质量是一个随机变量，均值是 1kg，标准差是 0.1kg. 求一盒（100 个）零部件的质量超过 102kg 的概率.

【解】设一盒零部件的质量为 X，盒中第 i 个零部件的质量为 X_i，$i=1,\ 2,\ \cdots,\ 100$，则有 $X_1,\ X_2,\ \cdots,\ X_{100}$ 相互独立，且 $EX_i=1$，$\sqrt{DX_i}=0.1$，则

$$X=\sum_{i=1}^{100}X_i,\ EX=100,\ \sqrt{DX}=\sqrt{0.1^2\times 100}=1.$$

由中心极限定理，得

$$P(X>102)=P\left(\frac{X-100}{1}>2\right)\approx 1-\Phi(2)=0.0228.$$

例 5.2　对敌人的防御地段进行 100 次轰炸，每次轰炸命中目标的炸弹数目是一个随机变量，其均值为 2，方差为 1.69. 求在 100 次轰炸中有 180～220 枚炸弹命中目标的概率.

【解】令第 i 次轰炸命中目标的次数为 X_i，$i=1,\ 2,\ \cdots$，则 100 次轰炸命中目标次数 $X=X_1+X_2+\cdots+X_{100}$. 因为

$$EX_i=2,\ \sqrt{DX_i}=1.3,$$

所以

$$X=\sum_{i=1}^{100}X_i,\ EX=200,\ \sqrt{DX}=\sqrt{1.69\times 100}=13.$$

由中心极限定理，得

$$P(180\leqslant X\leqslant 220)=P\left(\left|\frac{X-200}{13}\right|\leqslant\frac{20}{13}\right)\approx 2\Phi(1.54)-1=0.8764.$$

例 5.3　10 部机器独立工作，每部机器停止工作的概率为 0.2，求 3 部机器同时停止工作的概率.

【解】10 部机器中同时停止工作的数目 $X \sim B(10,\ 0.2)$，且

$$n=10,\ p=0.2,\ \sqrt{npq}\approx 1.265.$$

（1）直接计算：

$$P\{X=3\}=\mathrm{C}_{10}^3\times 0.2^3\times 0.8^7\approx 0.2013.$$

（2）由局部极限定理，得

$$P\{X=3\}=\frac{1}{\sqrt{npq}}\varphi\left(\frac{k-np}{\sqrt{npq}}\right)=\frac{1}{1.265}\varphi(0.79)=0.2308.$$

例 5.4　已知某种产品为废品的概率为 $p=0.005$，求 10000 件该产品中废品数不大于 70 的概率.

【解】10000 件该产品中的废品数 $X\sim B(10000, 0.005)$，且

$$np=50,\quad \sqrt{npq}\approx 7.053,$$

所以

$$P(X\leqslant 70)\approx\Phi\left(\frac{70-50}{7.053}\right)=\Phi(2.84)=0.9977.$$

三、典型习题精练

1．设各零件的质量都是随机变量，它们相互独立同分布，其均值为 0.6kg，标准差为 0.2kg，问：6000 个零件的总质量超过 3569kg 的概率是多少？

2．一个系统由 100 个相互独立的部件组成．在整个运行期间，每个部件损坏的概率为 0.1，系统运行至少需要 85 个部件正常工作，问：系统运行的概率是多少？

3．某汽车销售点每天出售的汽车数服从参数为 $\lambda=2$ 的泊松分布，若一年中有 360 天经营汽车销售，且每天出售的汽车数是相互独立的，求一年中售出 700 辆以上汽车的概率.

4．计算机在进行加法运算时会对每个加数取整数（取最为接近它的整数）．设所有的取整误差是相互独立的，且它们服从 $(-0.5, 0.5)$ 上的均匀分布.

（1）若将 1500 个数相加，求误差总和的绝对值超过 15 的概率；

（2）最多几个数加在一起可使误差总和的绝对值小于 10 的概率不小于 90%.

四、典型习题参考答案

1．$\Phi(2)$.

2．$\Phi\left(\frac{5}{3}\right)$.

3．$\Phi(0.745)$.

4．（1）$2-2\Phi(1.34)$；　　（2）446.

第 6 章　抽样与抽样分布

一、内容提要

（一）总体与样本

1. 总体

将研究对象的全体称为总体，构成总体的元素称为个体．当总体中的个体数为有限个时，称这样的总体为有限总体；当总体中的个体数为无限个时，称这样的总体为无限总体．对于一个总体的所有指标在观测前只能预知其一切可能取值，但不能确切知道每个个体的具体取值．因此，可用随机变量 X 去描述总体，简称总体 X，则 X 的分布函数 $F(X)$ 便是总体的分布函数，有时也用 $F(X)$ 表示一个总体．

在一些问题中，描述研究总体属性的指标不止一个，所以总体可用多维随机变量 $(X_1, X_2, \cdots, X_n)$ 来描述，也可用联合分布函数 $F(X_1, X_2, \cdots, X_n)$ 来描述，这类总体称为 n 维总体．

2. 样本

（1）概念：

从一个总体 X 中抽取 n 个个体的观测值为 $(x_1, x_2, \cdots, x_n)$，这样得到的 $(x_1, x_2, \cdots, x_n)$ 称为取自 X 的一个样本．样本中的元素为样品，样品的个数为样本容量．

（2）抽样需满足的性质：

① 样本要有代表性，即要求每一个个体都有同等机会被选入样本，也就是说每一个样本 $X_i (i=1, 2, \cdots, n)$ 与总体 X 有相同的分布．

② 样本要有独立性，即要求样本中每一个样品取什么值不受其他样品取值的影响，也就是每一个样品 X_i 之间相互独立．

定义 6.1　满足①和②要求的抽样方法称为简单随机抽样方法，所获得的样本称为简单随机样本，在数理统计研究中简称样本．

（3）样本分布：

设总体 X 的分布函数为 $F(X)$，由于样本的独立性，则简单随机样本 $X_1, X_2, \cdots, X_n$ 的联合分布函数为

$$F(x_1, x_2, \cdots, x_n) = \prod_{i=1}^{n} F(x_i),$$

并称其为样本分布．

① 当总体分布为离散型随机变量时，若总体 X 是离散型随机变量，其概率函数为 $P\{X=x\}=p(x)$，x 取遍 X 的所有可能取值，则样本的联合概率函数为

$$p(x_1, x_2, \cdots, x_n) = P\{X_1 = x_1, X_2 = x_2, \cdots, X_n = x_n\} = \prod_{i=1}^{n} p(x_i).$$

② 当总体分布为连续型随机变量时，若总体 X 是连续型随机变量，其概率密度函数为 $f(x)$，x 取遍 X 的所有可能取值，则样本的联合概率函数为

$$f(x_1, x_2, \cdots, x_n) = \prod_{i=1}^{n} f(x_i).$$

定义 6.2 设总体 X 的一个容量为 n 的样本观测值 $x_1, x_2, \cdots, x_n$ 可按大小顺序排列成 $x_{(1)}, x_{(2)}, \cdots, x_{(n)}$，令

$$F_n(x) = \begin{cases} 0, & x < x_{(1)}, \\ \cdots & \\ \dfrac{k}{n}, & x_{(k)} < x < x_{(k+1)}, \\ \cdots & \\ 1, & x > x_{(n)}, \end{cases}$$

则称 $F_n(x)$ 为经验分布函数.

经验分布函数是一个右连续非降的阶梯函数.

定理 6.1（格里汶科定理） 对于任意自然数 n，设 $x_1, x_2, \cdots, x_n$ 是取自总体分布函数 $F(x)$ 的一个样本的观测值，$F_n(x)$ 为其经验分布函数．对于任意实数 x，当 $n \to +\infty$ 时，$F_n(x)$ 以概率 1 收敛于总体的分布函数 $F(x)$，即

$$P\left\{\lim_{n\to\infty} \sup_{-\infty<x<+\infty} \left|F_n(x) - F(x)\right| = 0\right\} = 1.$$

定理 6.1 表明，随着 n 的逐渐增大，对于一切 x，$F_n(x)$ 和 $F(x)$ 之差的最大绝对值趋于 0 这一事件发生的概率等于 1.

（二）统计量与抽样分布

1. 统计量

（1）统计量的定义：

定义 6.3 设 $X_1, X_2, \cdots, X_n$ 为取自总体 X 的一个样本，$f(X_1, X_2, \cdots, X_n)$ 是一已知函数，且 $f(X_1, X_2, \cdots, X_n)$ 中不包含任何未知参数，则称 $f(X_1, X_2, \cdots, X_n)$ 为一个统计量.

（2）常用统计量：

样本均值：$\bar{X} = \dfrac{1}{n}\sum_{i=1}^{n} X_i$；

样本方差：$S_n^2 = \dfrac{1}{n}\sum_{i=1}^{n} (X_i - \bar{X})^2$；

无偏样本方差：$S^2 = \dfrac{1}{n-1}\sum_{i=1}^{n} (X_i - \bar{X})^2$；

样本标准差：$S_n=\sqrt{\frac{1}{n}\sum_{i=1}^{n}(X_i-\bar{X})^2}$；

无偏样本标准差：$S=\sqrt{\frac{1}{n-1}\sum_{i=1}^{n}(X_i-\bar{X})^2}$；

偏差平方和：$\sum_{i=1}^{n}(X_i-\bar{X})^2=\sum_{i=1}^{n}X_i^2-n(\bar{X})^2$.

定理 6.2　设 X_1，X_2，…，X_n 为取自总体 X 的一个样本，若 X 的二阶矩存在，并设 $EX=\mu$，$DX=\sigma^2$，则有 $E\bar{X}=\mu$，$D\bar{X}=\frac{\sigma^2}{n}$.

样本 k 阶原点矩：$A_k=\frac{1}{n}\sum_{i=1}^{n}X_i^k$；

样本 k 阶中心矩：$B_k=\frac{1}{n}\sum_{i=1}^{n}(X_i-\bar{X})^k$；

样本变异系数：$\mathrm{C.V}=\frac{S}{\bar{X}}$；

样本偏度：$\alpha_3=\frac{B_3}{B_2^{3/2}}=\frac{\frac{1}{n}\sum_{i=1}^{n}(X_i-\bar{X})^3}{\left[\frac{1}{n}\sum_{i=1}^{n}(X_i-\bar{X})^2\right]^{3/2}}$；

样本峰度：$\beta_4=\frac{B_4}{B_2^2}=\frac{\frac{1}{n}\sum_{i=1}^{n}(X_i-\bar{X})^4}{\left[\frac{1}{n}\sum_{i=1}^{n}(X_i-\bar{X})^2\right]^2}$；

样本相关系数：$r_{XY}=\frac{\sum_{i=1}^{n}(X_i-\bar{X})(Y_i-\bar{Y})}{\sqrt{\sum_{i=1}^{n}(X_i-\bar{X})^2\sum_{i=1}^{n}(Y_i-\bar{Y})^2}}$.

2. 统计量的分布

（1）寻求抽样分布的方法：

① 精确方法：当总体 X 的分布类型已知时，如果对任意自然数 n 都能导出统计量 $f(X_1, X_2, \cdots, X_n)$ 分布的精确表达式，那么这种方法称为精确方法，所得的抽样分布称为精确抽样分布. 精确方法对样本容量较小的统计推断特别有用，故又称小样本方法.

② 渐进方法：渐进方法是借助于极限定理使大样本统计量收敛于极限分布，从而当样本容量较大时，用极限分布代替真实分布的一种方法，故又称大样本方法.

（2）三大分布简介：

① χ^2 分布：

定义 6.4　设随机变量 $X_1, X_2, \cdots, X_n$ 相互独立，且 $X_i \sim N(0,1)(i=1,\cdots,n)$，则随机变量 $\chi^2=\sum_{i=1}^{n} X_i^2$ 服从自由度为 n 的 χ^2 分布，记作 $\chi^2 \sim \chi^2(n)$，其概率密度函数为

$$\chi^2(x;\ n)=\begin{cases}\dfrac{1}{2^{\frac{n}{2}}\Gamma\left(\dfrac{n}{2}\right)}x^{\frac{n}{2}-1}\mathrm{e}^{-\frac{x}{2}}, & x>0,\\ 0, & x\leqslant 0.\end{cases}$$

其中，

$$\Gamma(\alpha)=\int_0^{+\infty} t^{\alpha-1}\mathrm{e}^{-x}\mathrm{d}x,\ \alpha>0 .$$

$\chi^2(n)$ 的分布具有如下性质：

性质 1　密度函数非负，且 $E(\chi^2)=n$，$D(\chi^2)=2n$.

性质 2　可加性：若 ${\chi_1}^2 \sim \chi^2(n_1)$，${\chi_2}^2 \sim \chi^2(n_2)$，且 X 与 Y 相互独立，则有

$${\chi_1}^2+{\chi_2}^2 \sim \chi^2(n_1+n_2) .$$

性质 3　$\chi^2(n)$ 分布的 α 分位数记为 $\chi_\alpha^2(n)$. 当 $n>45$ 时，可用近似公式 $\chi_\alpha^2(n)=\frac{1}{2}(u_\alpha+\sqrt{2n+1})$.

② t 分布：

定义 6.5　设随机变量 $X\sim N(0,1)$，$Y\sim\chi^2(n)$，并且 X 与 Y 相互独立，则随机变量 $t=\dfrac{X}{\sqrt{Y/n}}$ 服从自由度为 n 的 t 分布，记作 $t\sim t(n)$，其概率密度函数为

$$f(t)=\frac{\Gamma\left(\dfrac{n+1}{2}\right)}{\Gamma\left(\dfrac{n}{2}\right)\sqrt{n\pi}}\left(1+\frac{t^2}{n}\right)^{-\frac{n+1}{2}},\quad -\infty<x<+\infty .$$

t 分布具有如下性质：

性质 1　t 分布是对称分布，且为低峰分布，当 $n\to+\infty$，极限分布为 $N(0,1)$.

性质 2　当 $n\geqslant 2$ 时，分布的期望为 $E(t)=0$；当 $n\geqslant 3$ 时，t 分布的方差为 $D(t)=\dfrac{n}{n-2}$；当 n 较大时，$D(t)=\dfrac{n}{n-2}\approx 1$，这说明了当自由度 n 较大时，t 分布与标准正态分布非常相似.

性质 3　$t(n)$ 分布的 α 分位数记为 $t_\alpha(n)$，有 $t_\alpha(n)=-t_{1-\alpha}(n)$.

③ F 分布：

定义 6.6　设 $X\sim\chi^2(m)$，$Y\sim\chi^2(n)$，且相互独立，则随机变量 $F=\dfrac{X/m}{Y/n}$ 服从自由度为 $(m,\ n)$ 的 F 分布，记为 $F\sim F(m,\ n)$，其中 m 称为第一自由度，n 称为第二自由度. 其概率密度函数为

$$f(x;\ m,\ n)=\begin{cases}\dfrac{\Gamma\left(\dfrac{m+n}{2}\right)}{\Gamma\left(\dfrac{m}{2}\right)\Gamma\left(\dfrac{n}{2}\right)}\left(\dfrac{m}{n}\right)^{\frac{m}{2}}x^{\frac{m-1}{2}}\left(1+\dfrac{m}{n}x\right)^{-\frac{m+n}{2}}, & x>0,\\ 0, & x\leqslant 0.\end{cases}$$

F 分布具有如下性质：

性质 1　密度函数在正半轴非负.

性质 2　若 $F\sim F(m,\ n)$，则 $\dfrac{1}{F}\sim F(n,\ m)$.

性质 3　$F(1,\ n)$ 与 $\left[t(n)\right]^2$ 有相同的密度函数.

性质 4　$F(m,\ n)$ 分布的 α 分位数记为 $F_\alpha(m,\ n)$，且有

$$F_\alpha(m,\ n)=\frac{1}{F_{1-\alpha}(n,\ m)}.$$

性质 5　当 $n>2$ 时，F 分布的期望为

$$E(F)=\frac{n}{n-2};$$

当 $n>4$ 时，F 分布的方差为

$$D(F)=\frac{2n^2(m+n-2)}{m(n-2)(n-4)}.$$

（3）正态总体的抽样分布：

定理 6.3　设 X_1，X_2，…，X_n 是来自总体 $X\sim N(\mu,\ \sigma^2)$ 的一个样本，则样本均值 $\bar{X}$ 服从正态分布，即

$$\bar{X}=\frac{1}{n}\sum_{i=1}^{n}X_i\sim N\left(\mu,\ \frac{\sigma^2}{n}\right).$$

定理 6.4　设 X_1，X_2，…，X_n 是来自总体 $X\sim N(\mu,\ \sigma^2)$ 的一个样本，$\bar{X}$ 和 S^2 是样本均值与样本无偏方差，且 $\bar{X}$ 和 S^2 相互独立，则

$$\frac{(n-1)S^2}{\sigma^2}\sim\chi^2(n-1).$$

定理 6.5　设 X_1，X_2，…，X_n 是来自总体 $X\sim N(\mu,\ \sigma^2)$ 的一个样本，$\bar{X}$ 和 S^2 是样本均值与样本无偏方差，则

$$\frac{\bar{X}-\mu}{\sigma/\sqrt{n}}\sim N(0,\ 1),\quad \frac{\bar{X}-\mu}{S/\sqrt{n}}\sim t(n-1).$$

定理 6.6　设 X_1，X_2，…，X_n 是来自总体 $X\sim N(\mu_1,\ \sigma_1^2)$ 的一个样本，$\bar{X}$ 和 S_1^2 是样本均值与样本无偏方差，设 Y_1，Y_2，…，Y_m 是来自总体 $Y\sim N(\mu_2,\ \sigma_1^2)$ 的一个样本，$\bar{Y}$ 和 S_1^2 是样本均值与样本无偏方差，且 X 与 Y 独立，则

$$\bar{X}-\bar{Y}\sim N\left(\mu_1-\mu_2,\ \frac{\sigma_1^?}{n}+\frac{\sigma_1^?}{m}\right),$$

$$\frac{S_1^2/\sigma_1^2}{S_2^2/\sigma_2^2} \sim F(n-1,\ m-1).$$

当 $\sigma_1^2=\sigma_2^2=\sigma^2$ 时，

$$t=\frac{(\overline{X}-\overline{Y})-(\mu_1-\mu_2)}{S_w\sqrt{\frac{1}{n}+\frac{1}{m}}} \sim t(n+m-2),$$

其中，$S_w=\sqrt{\frac{(n-1)S_1^2+(m-1)S_2^2}{n+m-2}}$.

（4）非正态总体的抽样分布（大样本方法）：

定理 6.7　设 X_1，X_2，…，X_n 为取自总体 X 的一个样本，$EX=\mu$，$DX=\sigma^2$，$\overline{X}$ 和 S^2 分别是样本均值与样本无偏方差，则当 n 很大时，有

$$\frac{\overline{X}-\mu}{\sigma/\sqrt{n}} \sim AN(0,\ 1),\quad \frac{\overline{X}-\mu}{S/\sqrt{n}} \sim AN(0,\ 1).$$

（三）次序统计量及其分布

1. 次序统计量的概念

定义 6.7　设 X_1，X_2，…，X_n 是来自总体的一个样本，$X_{(i)}$ 称为该样本的第 i 个次序统计量，它是样本 X_1，X_2，…，X_n 的满足如下条件的函数：每当样本得到一组观测值 x_1，x_2，…，x_n 时，将它们从小到大排序为 $x_{(1)}$，$x_{(2)}$，…，$x_{(n)}$. 第 i 个值 $x_{(i)}$ 是 $X_{(i)}$ 的观测值，则称 $X_{(1)}$，$X_{(2)}$，…，$X_{(n)}$ 为该样本的次序统计量，$X_{(1)}$ 为该样本的最小次序统计量，$X_{(n)}$ 为该样本的最大次序统计量.

2. 次序统计量的抽样分布

设总体的分布函数为 $F(x)$，概率密度函数为 $f(x)$，从中获得的样本为 X_1，X_2，…，X_n.

（1）第 k 个次序统计量 $X_{(k)}$ 的概率密度为

$$f_{(k)}(x)=\frac{n!}{(k-1)!(n-k)!}\left[F(x)\right]^{k-1}\left[1-F(x)\right]^{n-k}f(x).$$

样本的最大次序统计量 $X_{(n)}$ 的 $f_{(n)}(x)=n\left[F(x)\right]^{n-1}f(x)$，分布函数 $F_n(x)=\left[F(x)\right]^n$.

样本的最小次序统计量 $X_{(1)}$ 的 $f_{(1)}(x)=n\left[1-F(x)\right]^{n-1}f(x)$，分布函数

$$F_n(x)=1-\left[1-F(x)\right]^n.$$

（2）$X_{(1)}$ 和 $X_{(n)}$ 的联合密度函数为

$$f(y_1,y_n)=n(n-1)\left[F(y_n)-F(y_1)\right]^{n-2}f(y_n).$$

3. 样本极差

定义 6.8　最大次序统计量与最小次序统计量之差称为样本极差，简称极差，常用

R 表示.

如果样本容量为 n，则样本极差 $R = X_{(n)} - X_{(1)}$，也将其称为全距.

4. 中位数和分位数

定义 6.9　样本按大小次序排列后，处于中间位置上的统计量称为样本中位数，常用 m_d 表示.

设 X_1，X_2，…，X_n 是来自某总体的一个样本，其次序统计量为 $X_{(1)}$，$X_{(2)}$，…，$X_{(n)}$，则

$$m_d = \begin{cases} X_{\left(\frac{n+1}{2}\right)}, & n\text{为奇数}, \\ \dfrac{1}{2}\left(X_{\left(\frac{n}{2}\right)} + X_{\left(\frac{n+1}{2}\right)} \right), & n\text{为偶数}. \end{cases}$$

定义 6.10　设 X_1，X_2，…，X_n 是来自某总体的一个样本，其次序统计量为 $X_{(1)}$，$X_{(2)}$，…，$X_{(n)}$，样本的 p 分位数 m_p，则

$$m_p = \begin{cases} X_{(k)}, & \dfrac{k}{n+1} = p, \\ [X_{(k)} + (X_{(k)} + X_{(k+1)})][(n+1)p - k], & \dfrac{k}{n+1} < p < \dfrac{k+1}{n+1}. \end{cases}$$

二、典型例题及其分析

例 6.1　设总体 $X \sim N(0，1)$，X_1，X_2，…，X_n 为简单随机样本，试问下列统计量各服从什么分布？

（1）$\dfrac{X_1 - X_2}{\sqrt{X_3^2 + X_4^2}}$；　（2）$\dfrac{\sqrt{n-1}X_1}{\sqrt{\sum\limits_{i=2}^{n} X_i^2}}$；　（3）$\dfrac{\left(\frac{n}{3}-1\right)\sum\limits_{i=1}^{3} X_i^2}{\sum\limits_{i=4}^{n} X_i^2}$.

【解】（1）因为 $X_i \sim N(0，1)$，$i = 1，2，\cdots，n$，$X_1 - X_2 \sim N(0，2)$，$X_3^2 + X_4^2 \sim \chi^2(2)$，故

$$\frac{X_1 - X_2}{\sqrt{X_3^2 + X_4^2}} \sim t(2).$$

（2）因为 $X_1 \sim N(0，1)$，故

$$\sum_{i=2}^{n} X_i^2 \sim \chi^2(n-1),$$

$$\frac{\sqrt{n-1}X_1}{\sqrt{\sum\limits_{i=2}^{n} X_i^2}} = \frac{X_1}{\sqrt{\sum\limits_{i=2}^{n} X_i^2 \Big/ (n-1)}} \sim t(n-1).$$

（3）因为 $\sum\limits_{i=1}^{3} X_i^2 \sim \chi^2(3)$，$\sum\limits_{i=4}^{n} X_i^2 \sim \chi^2(n-3)$，所以

$$\frac{\left(\frac{n}{3}-1\right)\sum_{i=1}^{3}X_i^2}{\sum_{i=4}^{n}X_i^2}=\frac{\sum_{i=1}^{3}X_i^2/3}{\sum_{i=4}^{n}X_i^2/(n-3)}\sim F(3,\ n-3).$$

例 6.2　设 X_1，X_2，…，X_{16} 是取自 $N(8,\ 4)$的样本，试求下列概率：

（1）$P(x_{(16)}>10)$；

（2）$P(x_{(1)}>5)$.

【解】（1）$P(x_{(16)}>10)=1-P(x_{(16)}\leqslant 10)=1-P(x_1\leqslant 10)^{16}$

$$=1-\left[\Phi\left(\frac{10-8}{2}\right)\right]^{16}=1-0.8413^{16}=0.9370.$$

（2）$P(x_{(1)}>5)=P(x_1>5)^{16}$

$$=\left[1-\Phi\left(\frac{5-8}{2}\right)\right]^{16}=[\Phi(1.5)]^{16}=0.3308.$$

例 6.3　在正态总体 $X\sim N(7.6,\ 4)$中抽取一个容量为 n 的样本，如果要求样本均值落在(5.6，9.6)内的概率不小于 0.95，则 n 至少为多少？

【解】样本均值 $\bar{X}\sim N\left(7.6,\ \frac{4}{n}\right)$，按题意可建立如下不等式：

$$P(5.6<\bar{X}<9.6)=P\left(\frac{5.6-7.6}{\sqrt{4/n}}<\frac{\bar{X}-7.6}{\sqrt{4/n}}<\frac{9.6-7.6}{\sqrt{4/n}}\right)\geqslant 0.95,$$

即 $2\Phi(\sqrt{n})-1\geqslant 0.95$，所以 $\Phi(\sqrt{n})\geqslant 0.975$，查标准正态分布表（附表 3），得 $\Phi(1.96)=0.975$，故 $\sqrt{n}\geqslant 1.96$，即 $n\geqslant 3.84$，故样本量 n 至少为 4.

例 6.4　设总体 X 服从区间[0，1]上的均匀分布，X_1，X_2，…，X_n 为总体 X 的样本，试求 $x_{(k)}$ 的分布.

【解】总体 X 的密度函数为 $f(x)=\begin{cases}1, & 0\leqslant x\leqslant 1,\\ 0, & \text{其他},\end{cases}$ X 的分布函数为 $F(x)=\begin{cases}0, & x<0,\\ x, & 0\leqslant x\leqslant 1,\\ 1, & x>1.\end{cases}$

于是

$$\begin{aligned}f_{(k)}(x)&=\frac{n!}{(k-1)!(n-k)!}[F(x)]^{k-1}[1-F(x)]^{n-k}f(x)\\&=\frac{n!}{(k-1)!(n-k)!}x^{k-1}(1-x)^{n-k},\quad 0\leqslant x\leqslant 1.\end{aligned}$$

例 6.5　对某型号的 20 辆汽车各自每加仑（1 加仑≈3.785 升）汽油行驶的里程数记录如下：

29.8　27.6　28.3　28.7　27.9　29.9　30.1　28.0　28.7　27.9

28.5　29.5　27.2　26.9　28.4　27.9　28.0　30.0　29.6　29.1

请计算这组数据的中位数、$\frac{1}{4}$ 分位数和 $\frac{3}{4}$ 分位数.

【解】数据按从小到大顺序排序后，计算得

$$x_{(1)}=26.9\text{，}\quad x_{(n)}=30.1\text{，}$$

$$m_d=\frac{1}{2}(x_{(10)}+x_{(11)})=\frac{1}{2}\times(28.4+28.5)=28.45\ .$$

由于$\frac{5}{21}<0.25<\frac{6}{21}$，$\frac{15}{21}<0.75<\frac{16}{21}$，故

$$Q_1=x_{(5)}+(x_{(6)}-x_{(5)})\times(21\times0.25-5)=27.9+(27.9-27.9)\times0.25=27.9\text{，}$$

$$Q_3=x_{(15)}+(x_{(16)}-x_{(15)})\times(21\times0.75-15)=29.5+(29.6-29.5)\times0.75=29.575\ .$$

三、典型习题精练

1．设总体$X\sim N(10，3^2)$，X_1，X_2，…，X_n是它的一个样本，$Z=\sum_{i=1}^{6}X_i$．

（1）写出 Z 所服从的分布；

（2）求 $P(Z>11)$.

2．设X_1，X_2，…，X_{10}是取自$N(0，0.3^2)$的样本，求$P\left(\sum_{i=1}^{10}X_i^2>1.44\right)$.

3．已知正态总体$X_i\sim N(20, 3)$，随机变量X_1与X_2相互独立且样本容量分别为 10，15，求两个独立样本均值之差的绝对值大于 0.3 的概率.

4．设正态总体$X\sim N(72，100)$，为使样本均值大于 70 的概率不小于 0.9，样本容量 n 至少应取多大？

5．设X_1，X_2，…，X_8是取自$N(10，9)$的样本，求样本均值的标准差.

6．某厂生产的灯泡的使用寿命 $X\sim N(2250，250^2)$，现进行质量检查，方法如下：随机抽取若干个灯泡，如果这些灯泡的平均寿命超过 2200h，就认为该厂生产的灯泡质量合格，若要使检查能通过的概率不低于 0.997，问至少应检查多少只灯泡？

7. 设$X_1, X_2, \cdots, X_n$是来自$N(\mu, 25)$ 的样本，问 n 多大时可使$P(|\bar{X}-\mu|<1)\geqslant0.95$成立？

8．设从正态总体$N(100, 4)$中抽取两个独立样本，样本均值分别为$\bar{X}$和$\bar{Y}$，样本容量分别为 15 和 20，试求$P(|\bar{X}-\bar{Y}|>0.2)$.

9．若 $T\sim t(n)$，则 T^2 服从什么分布？

10．设$X_1, X_2, \cdots, X_n$是取自总体 X 的样本，$\bar{X}$ 和 S^2 是样本均值与样本无偏方差，且$EX=\mu$，$DX=\sigma^2$均存在，试求$E\bar{X}$，$D\bar{X}$和ES^2.

四、典型习题参考答案

1．（1）$Z\sim N(60，54)$；　　　（2）$\Phi(6.67)$.

2．0.1.

3．$2-2\Phi(0.424)$.

4．41.

5. $\dfrac{3\sqrt{2}}{4}$.

6. 190.

7. 97.

8. $2-2\Phi(0.293)$.

9. $T^2 \sim F(1, n)$.

10. $E\overline{X}=\mu$；$D\overline{X}=\dfrac{\sigma^2}{n}$；$ES^2=\sigma^2$.

第7章　参数估计

一、内容提要

（一）点估计

1. 点估计的定义

设 X_1，X_2，…，X_n 为总体 X 的样本，总体 X 的分布函数 $F(x;\ \theta)$ 形式已知，θ 为待估参数，x_1，x_2，…，x_n 为对应的样本观测值．点估计问题就是构造一个适当的统计量 $\hat{\theta}(X_1,\ X_2,\ \cdots,\ X_n)$，用其观测值 $\hat{\theta}(x_1,\ x_2,\ \cdots,\ x_n)$ 来估计待估参数 θ 的取值．这里 $\hat{\theta}(X_1,\ X_2,\ \cdots,\ X_n)$ 称为 θ 的估计量，$\hat{\theta}(x_1,\ x_2,\ \cdots,\ x_n)$ 称为 θ 的估计值，两者统称为 θ 的估计．这种对未知参数的定点估计称为未知参数的点估计．

2. 矩法估计

矩法估计的基本点是“替代”的思想，以样本的各阶原点矩作为总体的各阶原点矩得到的估计量，以样本的各阶原点矩的连续函数作为总体的各阶原点矩的连续函数的估计量的估计方法称为矩估计法．

3. 极大似然估计

设总体 X 具有分布列 $p(x;\ \theta)$（或概率密度 $F(x;\ \theta)$），$\theta\in\Theta$ 为未知参数，设 X_1，X_2，…，X_n 为来自 X 的样本，则 $(X_1,\ X_2,\ \cdots,\ X_n)$ 的联合分布列（或联合概率密度）：

$$L(x_1,\ x_2,\ \cdots,\ x_n;\ \theta)=\prod_{i=1}^{n}p(x_i;\ \theta)\ \text{或}\left(\prod_{i=1}^{n}f(x_i;\ \theta)\right)$$

称为样本的似然函数．

对样本的任何观测值 $(x_1,\ x_2,\ \cdots,\ x_n)$，若

$$L(x_1,\ x_2,\ \cdots,\ x_n;\ \theta)=\sup_{\theta\in\Theta}L(x_1,\ x_2,\ \cdots,\ x_n;\ \theta),$$

则称 $\hat{\theta}(x_1,\ x_2,\ \cdots,\ x_n)$ 为参数 θ 的最大似然估计值，$\hat{\theta}(X_1,\ X_2,\ \cdots,\ X_n)$ 为参数 θ 的最大似然估计量．

若 $p(x;\ \theta)$ 或 $F(x;\ \theta)$ 关于 θ 可微，则参数 θ 的最大似然估计 $\hat{\theta}$ 可通过方程：

$$\frac{\partial L(\theta)}{\partial\theta}=0 \tag{7.1}$$

得到．又 $\ln(x)$ 为 x 的单调函数，因此参数 θ 的最大似然估计 $\hat{\theta}$ 亦可通过方程：

$$\frac{\partial\ln L(\theta)}{\partial\theta}=0 \tag{7.2}$$

得到，方程（7.2）的求解往往较方程（7.1）方便得多．

（二）估计量的评价标准

1. 无偏性

若估计量$\hat{\theta}(X_1, X_2, \cdots, X_n)$的数学期望$E(\hat{\theta})$存在，且对于任意$\theta \in \Theta$，满足：

$$E(\hat{\theta}) = \theta,$$

则称$\hat{\theta}$为参数θ的无偏估计量.

2. 有效性

设$\hat{\theta}_1 = \hat{\theta}_1(X_1, X_2, \cdots, X_n)$与$\hat{\theta}_2 = \hat{\theta}_2(X_1, X_2, \cdots, X_n)$都是参数$\theta$的无偏估计量，若对于任意$\theta \in \Theta$，满足$D(\hat{\theta}_1) < D(\hat{\theta}_2)$，则称$\hat{\theta}_1$较$\hat{\theta}_2$有效.

3. 相合性

若$\hat{\theta}(X_1, X_2, \cdots, X_n)$是参数$\theta$的估计量，若对于任意$\theta \in \Theta$，当$n \to \infty$时$\hat{\theta}(X_1, X_2, \cdots, X_n)$依概率收敛于$\theta$，即$\forall \varepsilon > 0$，$\lim\limits_{n\to\infty} P(|\hat{\theta} - \theta| < \varepsilon) = 1$成立，则称$\hat{\theta}$为参数$\theta$的相合估计量.

（三）区间估计

1. 定义

定义 7.1　设总体X的分布函数$F(x; \theta)$形式已知，$\theta \in \Theta$为未知参数，若对于给定$\alpha(0 < \alpha < 1)$，存在两个统计量$\hat{\theta}_1 = \hat{\theta}_1(X_1, X_2, \cdots, X_n)$与$\hat{\theta}_2 = \hat{\theta}_2(X_1, X_2, \cdots, X_n)$，对于任意$\theta \in \Theta$，满足：

$$p(\hat{\theta}_1(X_1, X_2, \cdots, X_n) < \theta < \hat{\theta}_2(X_1, X_2, \cdots, X_n)) \geqslant 1 - \alpha,$$

则称随机区间$(\hat{\theta}_1, \hat{\theta}_2)$为参数$\theta$的置信水平为$1-\alpha$的双侧置信区间，$\hat{\theta}_1$和$\hat{\theta}_2$分别称为对应置信区间的置信下限和置信上限，$1-\alpha$称为置信水平.

2. 区间估计的枢轴量法

首先设法构造一个样本和θ的函数$G = G(x_1, x_2, \cdots, x_n, \theta)$，使$G$的分布不依赖于$\theta$之外任何未知参数，则称函数$G$为枢轴量. 再适当地选择两个常数$c$，$d$，使对给定的$\alpha(0 < \alpha < 1)$有$P(c \leqslant G \leqslant d) = 1-\alpha$，假如能将$c \leqslant G \leqslant d$进行不等式等价变形化为$[\theta_L, \theta_U]$，则$[\theta_L, \theta_U]$是$\theta$的置信水平为$1-\alpha$的置信区间.

3. 正态总体均值与方差的区间估计

正态总体均值与方差的区间估计如表 7.1 所示.

表 7.1

类别	待估参数	其他参数	枢轴量及分布	置信区间（置信水平为 $1-\alpha$）
一个正态总体	μ	σ^2 已知	$\dfrac{\overline{X}-\mu}{\sigma/\sqrt{n}} \sim N(0,\ 1)$	$\left(\overline{X}-U_{1-\frac{\alpha}{2}}\cdot\dfrac{\sigma}{\sqrt{n}},\ \overline{X}+U_{1-\frac{\alpha}{2}}\cdot\dfrac{\sigma}{\sqrt{n}}\right)$
		σ^2 未知	$\dfrac{\overline{X}-\mu}{S/\sqrt{n}} \sim T(n-1)$	$\left(\overline{X}-T_{1-\frac{\alpha}{2}}(n-1)\cdot\dfrac{S}{\sqrt{n}},\ \overline{X}+T_{1-\frac{\alpha}{2}}(n-1)\cdot\dfrac{S}{\sqrt{n}}\right)$
	σ^2	—	$\dfrac{(n-1)S^2}{\sigma^2} \sim \chi^2(n-1)$	$\left(\dfrac{(n-1)S^2}{\chi^2_{1-\frac{\alpha}{2}}(n-1)},\ \dfrac{(n-1)S^2}{\chi^2_{\frac{\alpha}{2}}(n-1)}\right)$
两个正态总体	$\mu_1-\mu_2$	σ_1^2与σ_2^2 已知	$\dfrac{(\overline{X}-\overline{Y})-(\mu_1-\mu_2)}{\sqrt{\dfrac{\sigma_1^2}{n_1}+\dfrac{\sigma_2^2}{n_2}}} \sim N(0,\ 1)$	$\left((\overline{X}-\overline{Y})-U_{1-\frac{\alpha}{2}}\sqrt{\dfrac{\sigma_1^2}{n_1}+\dfrac{\sigma_2^2}{n_2}},\ (\overline{X}-\overline{Y})+U_{1-\frac{\alpha}{2}}\sqrt{\dfrac{\sigma_1^2}{n_1}+\dfrac{\sigma_2^2}{n_2}}\right)$
		$\sigma_1^2=\sigma_2^2=\sigma^2$ 未知	$\dfrac{(\overline{X}-\overline{Y})-(\mu_1-\mu_2)}{S_\omega\sqrt{\dfrac{1}{n_1}+\dfrac{1}{n_2}}} \sim T(n_1+n_2-2)$ $S_\omega=\sqrt{\dfrac{(n_1-1)S_1^2+(n_2-1)S_2^2}{n_1+n_2-2}}$	$\left((\overline{X}-\overline{Y})\mp T_{1-\frac{\alpha}{2}}(n_1+n_2-2)S_\omega\sqrt{\dfrac{1}{n_1}+\dfrac{1}{n_2}}\right)$
	$\dfrac{\sigma_1^2}{\sigma_2^2}$	—	$\dfrac{S_1^2/\sigma_1^2}{S_2^2/\sigma_2^2} \sim F(n_1-1,n_2-1)$	$\left(\dfrac{S_1^2}{S_2^2}\dfrac{1}{F_{1-\frac{\alpha}{2}}(n_1-1,\ n_2-1)},\ \dfrac{S_1^2}{S_2^2}\dfrac{1}{F_{\frac{\alpha}{2}}(n_1-1,\ n_2-1)}\right)$

二、典型例题及其分析

例 7.1 设 X_1，X_2，…，X_n 为总体 X 的样本，x_1，x_2，…，x_n 为对应的样本观测值，设总体的分布列为 $p\{X=x\}=\mathrm{C}_N^x p^x(1-p)^{N-x}$，$0<p<1$，$p$ 为未知参数，求未知参数 p 的矩估计及最大似然估计.

【分析】按照离散型随机变量未知参数的矩估计及最大似然估计的计算过程逐步进行.

【解】(1) 由题设知总体 X 的期望 $u_1=E(x)=Np$，从而 $p=\dfrac{u_1}{N}$，样本 X_1，X_2，…，X_n 的均值为 $\overline{X}=\dfrac{1}{n}\sum\limits_{i=1}^{n}X_i$．令 $\overline{X}$ 代替 u_1，得到未知参数 p 的矩估计量和估计值分别为

$$\hat{p}=\frac{\overline{X}}{N},\quad \hat{p}=\frac{\overline{x}}{N}.$$

(2) 设 x_1，x_2，…，x_n 为样本的一组观测值，从而似然函数

$$L(p)=\prod_{i=1}^{n}P\{X_i=x_i\}=\prod_{i=1}^{n}\mathrm{C}_N^{x_i}p^{x_i}(1-p)^{N-x_i}=\left(\prod_{i=1}^{n}\mathrm{C}_N^{x_i}\right)p^{\sum\limits_{i=1}^{n}x_i}(1-p)^{nN-\sum\limits_{I=1}^{N}X_I}.$$

从而

$$\ln L(p)=\ln\left(\prod_{i=1}^{n}\mathrm{C}_N^{x_i}\right)+\sum_{i=1}^{n}x_i\ln p+\left(nN-\sum_{i=1}^{n}x_i\right)\ln(1-p).$$

令

$$\frac{\partial \ln L(p)}{\partial p}=\sum_{i=1}^{n}x_i\cdot\frac{1}{p}-\left(nN-\sum_{i=1}^{n}x_i\right)\cdot\frac{1}{1-p}=0,$$

得 p 的最大似然估计值为

$$\hat{p}=\frac{\sum_{i=1}^{n}x_i}{nN}=\frac{\bar{x}}{N},$$

p 的最大似然估计量为

$$\hat{p}=\frac{\bar{x}}{N}.$$

例 7.2　设 X_1，X_2，…，X_n 是来自参数为 λ 的泊松分布总体的一个样本，试求参数 λ 的最大似然估计及矩估计.

【分析】按照连续型随机变量求解矩估计和最大似然估计的计算过程逐步进行.

【解】(1) 由题设知总体 X 的期望 $\mu_1=E(x)=\lambda$，样本 X_1，X_2，…，X_n 的均值为 $\bar{X}=\frac{1}{n}\sum_{i=1}^{n}X_i$，令 $\bar{X}$ 代替 μ_1，得到未知参数 λ 的矩估计量和估计值分别为

$$\hat{\lambda}=\bar{X},\quad \hat{\lambda}=\bar{x}.$$

(2) 设 x_1，x_2，…，x_n 为样本的一组观测值，从而似然函数

$$L(\lambda)=\prod_{i=1}^{n}P\{X_i=x_i\}=\prod_{i=1}^{n}\left(\frac{\lambda^{x_i}}{x_i!}\mathrm{e}^{-\lambda}\right)=\frac{\mathrm{e}^{-n\lambda}\cdot\lambda^{\sum_{i=1}^{n}x_i}}{\prod_{i=1}^{n}x_i!}.$$

从而

$$\ln L(\lambda)=-n\lambda+\left(\sum_{i=1}^{n}x_i\right)\ln\lambda-\ln\prod_{i=1}^{n}x_i!.$$

令

$$\frac{\partial \ln L(\lambda)}{\partial\lambda}=-n+\frac{\sum_{i=1}^{n}x_i}{\lambda}=0,$$

得 λ 的最大似然估计值为 $\bar{\lambda}=\bar{x}$，λ 的最大似然估计量为 $\bar{\lambda}=\bar{X}$.

例 7.3　设某种调味包的净重 $X\sim N(\mu,\ \sigma^2)$，今测得 9 袋调味包的质量（单位：g）分别为

6.0　5.7　5.8　6.5　7.0　6.3　5.6　6.1　5.0

(1) 据以往经验知 $\sigma=0.6$，求 μ 的置信水平为 0.95 的置信区间；

(2) 若 σ 未知，求 μ 的置信水平为 0.95 的置信区间；

(3) 求 σ^2 的置信水平为 0.95 的置信区间.

【解】(1) 由题设，总体 $X\sim N(\mu,\ \sigma^2)$，σ^2 已知，且

$$n=9,\quad \sigma=0.6,\quad 1-\alpha=0.95,\quad U_{1-\frac{\alpha}{2}}=U_{0.975}=1.96,\quad \bar{x}=6,$$

代入方差已知的 μ 的置信水平为 $1-\alpha$ 的置信区间

$$\left(\overline{X}-U_{1-\frac{\alpha}{2}}\cdot\frac{\sigma}{\sqrt{n}},\ \overline{X}+U_{1-\frac{\alpha}{2}}\cdot\frac{\sigma}{\sqrt{n}}\right),$$

得 μ 的置信水平为 0.95 的置信区间为

$$\left(6-1.96\times\frac{0.6}{3},\ 6+1.96\times\frac{0.6}{3}\right)=(5.608,\ 6.392).$$

（2）由题设，总体 $X\sim N(\mu,\ \sigma^2)$，σ^2 未知，且

$$n=9,\ 1-\alpha=0.95,\ T_{1-\frac{\alpha}{2}}(8)=T_{0.975}(8)=2.306,\ \bar{x}=6,\ s^2=0.33,$$

代入方差未知的 μ 的置信水平为 $1-\alpha$ 的置信区间

$$\left(\overline{X}-T_{1-\frac{\alpha}{2}}(n-1)\cdot\frac{S}{\sqrt{n}},\ \overline{X}+T_{1-\frac{\alpha}{2}}(n-1)\cdot\frac{S}{\sqrt{n}}\right),$$

得 μ 的置信水平为 0.95 的置信区间为

$$\left(6-2.306\times\frac{\sqrt{0.33}}{3},\ 6+2.306\times\frac{\sqrt{0.33}}{3}\right)\approx(5.558,\ 6.442).$$

（3）由题设，总体 $X\sim N(\mu,\ \sigma^2)$，且

$$n=9,\ 1-\alpha=0.95,\ \chi^2_{1-\frac{\alpha}{2}}(8)=\chi^2_{0.975}(8)=17.535,\ \chi^2_{\frac{\alpha}{2}}(8)=\chi^2_{0.025}(8)=2.180,\ s^2=0.33,$$

代入 σ^2 的置信水平为 $1-\alpha$ 的置信区间

$$\left(\frac{(n-1)S^2}{\chi^2_{1-\frac{\alpha}{2}}(n-1)},\ \frac{(n-1)S^2}{\chi^2_{\frac{\alpha}{2}}(n-1)}\right),$$

得 σ^2 的置信水平为 0.95 的置信区间为(0.1506，1.211).

例 7.4　为比较 A，B 两种型号的灯泡的寿命情况，现随机抽取 A 型号灯泡 10 只，B 型号灯泡 10 只，测得寿命（单位：h）如下：

A 型号：560　590　560　570　580　570　600　550　570　550

B 型号：620　570　650　600　630　580　570　600　600　580

设 A，B 两种类型的灯泡寿命分别服从正态分布 $N(\mu_1,\ \sigma_1^2)$ 和 $N(\mu_2,\ \sigma_2^2)$.

（1）设方差 σ_1^2，σ_2^2 相同，求两种型号灯泡寿命期望之差 $\mu_1-\mu_2$ 的置信水平为 0.95 的置信区间；

（2）求方差比值 $\dfrac{\sigma_1^2}{\sigma_2^2}$ 的置信水平为 0.95 的置信区间.

【解】将两种类型灯泡寿命分别看作总体 X，Y，且 $X\sim N(\mu_1,\ \sigma_1^2)$，$Y\sim N(\mu_2,\ \sigma_2^2)$.

（1）由题设 $\sigma_1^2=\sigma_2^2$，且

$$n_1=n_2=10,\ 1-\alpha=0.95,\ T_{1-\frac{\alpha}{2}}(n_1+n_2-2)=T_{0.975}(18)=2.1009,$$

$$\bar{x}=570,\ s_1^2=\frac{2400}{9},\ \bar{y}=600,\ s_2^2=\frac{6400}{9},$$

代入方差未知但相等的 $\mu_1-\mu_2$ 的置信水平为 $1-\alpha$ 的置信区间

$$\left((\bar{X}-\bar{Y})\mp T_{1-\frac{\alpha}{2}}(n_1+n_2-2)S_\omega\sqrt{\frac{1}{n_1}+\frac{1}{n_2}}\right),$$

得 $\mu_1-\mu_2$ 的置信水平为 0.95 的置信区间为(9，51).

（2）由题设知

$$n_1=n_2=10，\ 1-\alpha=0.95，$$

$$F_{0.975}(9,\ 9)=4.03，\ F_{0.025}(9,\ 9)=\frac{1}{4.03}，$$

$$s_1^2=\frac{2400}{9}，\ s_2^2=\frac{6400}{9}，$$

代入 $\dfrac{\sigma_1^2}{\sigma_2^2}$ 的置信水平为 $1-\alpha$ 的置信区间

$$\left(\frac{S_1^2}{S_2^2}\frac{1}{F_{1-\frac{\alpha}{2}}(n_1-1,\ n_2-1)},\ \frac{S_1^2}{S_2^2}\frac{1}{F_{\frac{\alpha}{2}}(n_1-1,\ n_2-1)}\right),$$

得 $\dfrac{\sigma_1^2}{\sigma_2^2}$ 的置信水平为 0.95 的置信区间为(0.0931，1.571).

三、典型习题精练

1．设 $\chi^2\sim\chi^2(n)$，则临界值 $\chi^2_{1-\frac{\alpha}{2}}(n)$ 的概率意义是什么？

2．简述样本容量为 n 时，样本方差 s^2 是总体方差 σ^2 的无偏估计量的原因.

3．估计量的有效性是指什么？

4．在进行区间估计时，对于同一样本，置信水平设置得越高，置信区间的宽度会怎样变化？

5．设总体 $X\sim N(\mu,\ \sigma^2)$，σ^2 已知而 μ 为未知参数，$(X_1,\ X_2,\ \cdots,\ X_n)$为样本，又 $\Phi(x)$ 表示标准正态分布 $N(0,1)$ 的分布函数，已知 $\Phi(1.96)=0.975$，$\Phi(1.64)=0.95$，μ 的置信水平为 0.95 的置信区间为 $\left(\bar{X}-\lambda\frac{\sigma}{\sqrt{n}},\ \bar{X}+\lambda\frac{\sigma}{\sqrt{n}}\right)$，其中 $\bar{X}=\frac{1}{n}\sum_{i=1}^{n}X_i$，求 λ 的值.

6．查表计算临界值：

（1）$t_{0.95}(30)$；　（2）$t_{0.975}(16)$；　（3）$t_{0.99}(34)$；

（4）$\chi^2_{0.95}(9)$；　（5）$\chi^2_{0.99}(21)$；　（6）$\chi^2_{0.9}(18)$.

7．设总体 X 的概率密度为

$$f(x;\ \theta)=\begin{cases}(\theta+1)x^\theta, & 0<x<1,\\ 0, & \text{其他},\end{cases}$$

其中，$\theta>-1$，X_1，X_2，…，X_n 是来自总体 X 的简单随机样本，求参数 θ 的极大似然估计量.

8．已知某种白炽灯泡的使用寿命服从正态分布，在某星期所生产的该种灯泡中随机抽取 10 只，测得其寿命（单位：h）如下：

1067 919 1196 785 1126 936 918 1156 920 948

试用矩法估计寿命总体的均值 μ 和方差 σ^2 的估计值，并估计这种灯泡的寿命大于 1300h 的概率.

9．某车间生产的螺杆直径服从正态分布，现随机抽取 5 只，测得直径（单位：mm）如下：

22.5 21.5 22.0 21.8 21.4

（1）已知 $\sigma = 0.3$，求 μ 的置信水平为 0.95 的置信区间；

（2）若 σ 未知，求 μ 的置信水平为 0.95 的置信区间.

10．从正态总体中抽取容量为 5 的样本，其观测值分别为 1.86，3.22，1.46，4.01，2.64，试求正态总体方差 σ^2 及标准差 σ 的置信水平为 0.95 的置信区间.

11．测量铝的密度 16 次，得 $\bar{x} = 2.705$，$s - 0.029$，试求铝的密度均值 μ 的置信水平为 0.95 的置信区间（假设测量结果可以看作一个正态总体样本）.

四、典型习题参考答案

1．$P\left(\chi^2 > \chi^2_{1-\frac{\alpha}{2}}(n)\right) = \dfrac{\alpha}{2}$.

2．因为 $E(s^2) = \sigma^2$.

3．估计量的方差比较小.

4．越宽.

5．1.96.

6．略.

7．$L(\theta) = (\theta+1)^n\left(\prod_{i=1}^n x_i\right)^\theta$，$\theta > -1$，$\ln L = n\ln(\theta+1) + \theta\sum_{i=1}^n \ln x_i$.

令 $\dfrac{\mathrm{d}\ln L}{\mathrm{d}\theta} = \dfrac{n}{\theta+1} + \sum_{i=1}^n \ln x_i = 0$，得 θ 的极大似然估计量为 $-1 - \dfrac{n}{\sum_{i=1}^n \ln X_i}$.

8．$\hat{\mu} = 997.1$，$\hat{\sigma}^2 = 17304.8$，$p = 0.0107$.

9．（1）(21.22，21.74)；（2）(21.04，21.92).

10．(0.378，8.707)；(0.615，2.951).

11．(2.682，2.728).

第8章 假设检验

一、内容提要

（一）假设检验的概念与步骤

1. 假设检验的问题

假设检验中提出的问题不是一个参数估计问题，而是要对一个命题回答“是”与“否”. 此类问题称为统计假设检验问题.

若假设检验问题中的假设可用一个参数集合表示，则称这样的参数集合为统计假设，记为H_0：$\mu\in\Theta_0$，H_1：$\mu\in\Theta_1$，其中H_0称为检验问题的原假设，H_1称为检验问题的备择假设，Θ_0与Θ_1无交集. 该类假设检验问题称为参数假设检验问题，否则称为非参数假设检验问题.

在假设检验问题中，通常根据所给定的条件对原假设H_0做出判断，其结果有两种：

（1）“有理由认为原假设不正确”即拒绝H_0；

（2）“没理由认为原假设不正确”即暂且接受H_0，保留继续检验H_0是否正确的权利.

2. 假设检验遵循的基本原理

（1）小概率原理：一般认为，在一次抽样中，小概率事件不发生.

（2）反证法原理：在假设检验问题中，通常将我们希望否定的命题作为原假设H_0，因此，我们先假定H_0为真，并由此构造检验统计量，然后利用抽样结果对原假设H_0加以判定. 若不合乎常理的小概率事件发生了，则认为之前假定H_0为真是错误的，故拒绝H_0；否则接受（保留）H_0.

注意：判断一个命题为真，需要穷举；但否定一个命题只需举出一个反例即可.

3. 假设检验的基本步骤

第一步：针对检验问题建立假设H_0与H_1.

统计假设检验问题中常用的假设有三类：

假设①：H_0：$\theta=\theta_0$，H_1：$\theta\neq\theta_0$，此类假设称为双边假设检验；

假设②：H_0：$\theta\leqslant\theta_0$，H_1：$\theta>\theta_0$，此类假设称为右侧假设检验；

假设③：H_0：$\theta\geqslant\theta_0$，H_1：$\theta<\theta_0$，此类假设称为左侧假设检验.

假设②③统称为单侧（边）假设检验.

第二步：选择检验统计量.

为了判断H_0是否为真，需要构造一个统计量以对H_0进行检验. 这个统计量通常是由样本和参数的点估计量构造的函数，称之为检验统计量.

第三步：给定显著性水平α.

第四步：确定临界值，给出拒绝域的表达形式.

第五步：判断给出的结论. 计算检验统计量的值，判断是否落入拒绝域，如果落入拒绝域，则拒绝原假设；否则，保留原假设（待判定）.

（二）正态总体的参数检验问题

关于正态总体的参数检验问题如表 8.1 所示.

表 8.1

类别	待检参数	其他参数	检验统计量	原假设	拒绝域
一个正态总体	μ	σ^2 已知	$U=\dfrac{\overline{X}-\mu}{\sigma/\sqrt{n}}$	H_0: $\mu=\mu_0$	$W=\left\{\lvert U\rvert>u_{1-\frac{\alpha}{2}}\right\}$
				H_0: $\mu\leqslant\mu_0$	$W=\{U>u_{1-\alpha}\}$
				H_0: $\mu\geqslant\mu_0$	$W=\{U<-u_{1-\alpha}\}$
		σ^2 未知	$T=\dfrac{\overline{X}-\mu}{S/\sqrt{n}}$	H_0: $\mu=\mu_0$	$W=\left\{\lvert T\rvert>t_{1-\frac{\alpha}{2}}(n-1)\right\}$
				H_0: $\mu\leqslant\mu_0$	$W=\{T>t_{1-\alpha}(n-1)\}$
				H_0: $\mu\geqslant\mu_0$	$W=\{T<-t_{1-\alpha}(n-1)\}$
	σ^2		$\chi^2=\dfrac{(n-1)S^2}{\sigma^2}$	H_0: $\sigma^2=\sigma_0^2$	$W=\left\{\chi^2>\chi^2_{1-\frac{\alpha}{2}}(n-1)\right.$ 或 $\left.\chi^2<\chi^2_{\frac{\alpha}{2}}(n-1)\right\}$
				H_0: $\sigma^2\leqslant\sigma_0^2$	$W=\{\chi^2>\chi^2_{1-\alpha}(n-1)\}$
				H_0: $\sigma^2\geqslant\sigma_0^2$	$W=\{\chi^2<\chi^2_{\alpha}(n-1)\}$
两个正态总体	μ_1与μ_2	σ_1^2与σ_2^2 已知	$U=\dfrac{\overline{X}-\overline{Y}-(\mu_1-\mu_2)}{\sqrt{\dfrac{\sigma_1^2}{n_1}+\dfrac{\sigma_2^2}{n_2}}}$	H_0: $\mu_1=\mu_2$	$W=\left\{\lvert U\rvert>u_{1-\frac{\alpha}{2}}\right\}$
				H_0: $\mu_1\leqslant\mu_2$	$W=\{U>u_{1-\alpha}\}$
				H_0: $\mu_1\geqslant\mu_2$	$W=\{U<-u_{1-\alpha}\}$
		$\sigma_1^2=\sigma_2^2=\sigma^2$ 未知	$T=\dfrac{\overline{X}-\overline{Y}-(\mu_1-\mu_2)}{S_\omega\sqrt{\dfrac{1}{n_1}+\dfrac{1}{n_2}}}$, $S_\omega=\sqrt{\dfrac{(n_1-1)S_1^2+(n_2-1)S_2^2}{n_1+n_2-2}}$	H_0: $\mu_1=\mu_2$	$W=\left\{\lvert T\rvert>t_{1-\frac{\alpha}{2}}(m+n-2)\right\}$
				H_0: $\mu_1\leqslant\mu_2$	$W=\{T>t_{1-\alpha}(m+n-2)\}$
				H_0: $\mu_1\geqslant\mu_2$	$W=\{T<-t_{1-\alpha}(m+n-2)\}$
	σ_1^2与σ_2^2		$F=\dfrac{S_1^2/\sigma_1^2}{S_2^2/\sigma_2^2}$	H_0: $\sigma_1^2=\sigma_2^2$	$W=\{F>F_{1-\frac{\alpha}{2}}(n-1,m-1)$ 或 $F<F_{\frac{\alpha}{2}}(n-1,m-1)\}$
				H_0: $\sigma_1^2\leqslant\sigma_2^2$	$W=\{F>F_{1-\alpha}(n-1,m-1)\}$
				H_0: $\sigma_1^2\geqslant\sigma_2^2$	$W=\{F<F_{\alpha}(n-1,m-1)\}$

（三）总体比率的假设检验

设 X_1，X_2，…，X_n 是取自总体 $X \sim B(1, p)$ 的样本，$\hat{p}=\frac{1}{n}\sum_{i=1}^{n}X_i$ 为样本均值，它是总体比率 p 的估计．在假设 H_0 成立的条件下，选取检验统计量

$$U=\frac{\hat{p}-p_0}{\sqrt{\frac{p_0(1-p_0)}{n}}},$$

由中心极限定理知，当样本容量 n 充分大时，有 $U \sim AN(0, 1)$．因此，可以用与正态总体均值的检验完全类似的方法构造拒绝域．

（1）当检验 H_0：$p=p_0$，H_1：$p \neq p_0$ 时，拒绝域为 $|U|>u_{1-\frac{\alpha}{2}}$；

（2）当检验 H_0：$p \leqslant p_0$，H_1：$p>p_0$ 时，拒绝域为 $U>u_{1-\alpha}$；

（3）当检验 H_0：$p \geqslant p_0$，H_1：$p<p_0$ 时，拒绝域为 $U<-u_{1-\alpha}$．

二、典型例题及其分析

例 8.1　随机选取 20 个零件进行称重（单位：kg）数据如下：

9.8	10.4	10.6	9.6	9.7	9.9	10.9	11.1	9.6	10.2
10.3	9.6	9.9	11.2	10.6	9.8	10.5	10.1	10.5	9.7

设零件的质量的总体服从正态分布，参数均未知（$\alpha=0.05$）．

（1）可否认为零件质量的均值为 10？

（2）可否认为零件质量的均值显著大于 10？

【分析】假设检验分双边假设检验与单边假设检验，进行假设检验时要注意根据问题进行区分．

【解】（1）由题设知总体 $X \sim N(\mu, \sigma^2)$，μ，σ^2 均未知，要求在显著性水平 $\alpha=0.05$ 下检验假设 H_0：$\mu=10$，H_1：$\mu \neq 10$．

由于 σ^2 未知，则采用 T 检验，选取检验统计量为 $T=\frac{\overline{X}-\mu}{S/\sqrt{n}}$．由于

$$n=20，\bar{x}=10.2，s=0.51，\alpha=0.05，T_{1-\frac{\alpha}{2}}(n-1)=T_{0.975}(19)=2.0930，$$

拒绝域为

$$|T| \geqslant T_{1-\frac{\alpha}{2}}(n-1),$$

经计算得 $|T|=1.75<2.0930$，故检验统计量没有落在拒绝域内，所以在显著性水平 $\alpha=0.05$ 下保留原假设 H_0，即零件质量均值可认为是 10．

（2）由题设知总体 $X \sim N(\mu, \sigma^2)$，μ，σ^2 均未知，要求在显著性水平 $\alpha=0.05$ 下检验假设 H_0：$\mu=10$，H_1：$\mu>10$．

因为σ^2未知，则采用T检验，选取检验统计量为$T=\dfrac{\overline{X}-\mu}{S/\sqrt{n}}$，由于

$$n=20,\ \overline{x}=10.2,\ s=0.51,\ \alpha=0.05,\ T_{1-\alpha}(n-1)=T_{0.95}(19)=1.7291,$$

拒绝域为$T\geqslant T_{1-\alpha}$，经计算得$T=1.75>1.7291$，故检验统计量落在拒绝域内，所以在显著性水平$\alpha=0.05$下拒绝原假设，即认为部件质量明显大于10.

例 8.2 为提高铸件的耐磨性，某厂铸造车间试制了一种镍合金铸件，以取代铜合金铸件，现从两种铸件中各抽取一个容量分别为8和9的样本，测得其硬度分别如下.

镍合金：76.43 76.21 73.58 69.69 65.29 70.83 82.75 72.34;

铜合金：73.66 64.27 69.34 71.37 69.77 68.12 67.27 68.07 62.61.

根据经验，硬度服从正态分布，且方差保持不变. 试在显著性水平α下判断镍合金的硬度是否有明显提高.

【解】用X表示镍合金的硬度，Y表示铜合金的硬度，则

$$X\sim N(\mu_1,\ \sigma^2),\ Y\sim N(\mu_2,\ \sigma^2).$$

假设H_0: $\mu_1=\mu_2$, H_1: $\mu_1\neq\mu_2$. 选取检验统计量:

$$T=\frac{\overline{X}-\overline{Y}-(\mu_1-\mu_2)}{S_\omega\sqrt{\dfrac{1}{n_1}+\dfrac{1}{n_2}}},$$

其中

$$S_\omega=\sqrt{\frac{(n_1-1)S_1^2+(n_2-1)S_2^2}{n_1+n_2-2}}.$$

经计算得

$$\overline{x}=73.39,\quad \overline{y}=68.2756,\quad \sum_{i=1}^{8}(x_i-\overline{x})^2=205.7958,\quad \sum_{i=1}^{9}(y_i-\overline{y})^2=91.1552.$$

$$s_w=\sqrt{\frac{1}{8+9-2}\times(205.7958+91.1552)}\approx 4.4494.$$

从而得到

$$t=\frac{73.39-68.2756}{4.4494\times\sqrt{\dfrac{1}{7}+\dfrac{1}{8}}}\approx 2.2210.$$

查表得$T_{0.95}(15)=1.7531$，由于$T>T_{0.95}(15)$，故拒绝原假设，即可判断镍合金硬度有显著提高.

例 8.3 测得两批次的电子器件样品的电阻（单位：Ω）如表8.2所示.

表 8.2

A 批次/x	0.140	0.138	0.143	0.142	0.144	0.137
B 批次/y	0.135	0.140	0.142	0.136	0.138	0.140

设两批次的电子器件的电阻总体分别服从正态分布$N(\mu_1,\ \sigma_1^2)$, $N(\mu_2,\ \sigma_2^2)$. μ_1, μ_2,

σ_1^2，σ_2^2 均未知，且两样本独立，问：在显著性水平 $\alpha=0.05$ 下，可否认为两批次的电子器件的电阻相等？

【分析】进行假设检验时，要仔细审题，明确问题需要检验的假设，以及进行该检验需要知道的前提，本题进行的是两个独立的正态总体均值相等与否的假设检验，这种检验需要两总体方差是否相等的前提，所以本题首先需要进行判断两个独立总体的方差是否相等的假设检验，若经检验方差相等的假设成立，再进行均值相等与否的检验.

【解】由题设，A 批次电子器件的电阻 $X\sim N(\mu_1,\ \sigma_1^2)$，B 批次电子器件的电阻 $Y\sim N(\mu_2,\ \sigma_2^2)$，这里 μ_1，μ_2，${\sigma_1}^2$，${\sigma_2}^2$ 均未知.

（1）在显著性水平 $\alpha=0.05$ 下，检验假设 H_0：${\sigma_1}^2={\sigma_2}^2$，$H_1$：${\sigma_1}^2\neq{\sigma_2}^2$.

采用 F 检验，选取检验统计量为

$$F=\frac{S_1^2}{S_2^2}\sim F(n_1-1,\ n_2-1).$$

现有

$$n_1=n_2=6\ ,\quad s_1^2=0.0028^2\ ,\quad s_2^2=0.00266^2\ .$$

$$F_{\alpha/2}(n_1-1,\ n_2-1)=F_{0.025}(5,\ 5)=7.15\ ,$$

$$F_{1-\alpha/2}(n_1-1,\ n_2-1)=1/F_{\alpha/2}(n_1-1,\ n_2-1)=0.140\ ,$$

拒绝域为

$$F=\frac{S_1^2}{S_2^2}\geqslant F_{\alpha/2}(n_1-1,\ n_2-1)\text{ 或 }F=\frac{S_1^2}{S_2^2}\leqslant F_{1-\alpha/2}(n_1-1,\ n_2-1).$$

经计算得 $F=1.108$，由于 $0.140<1.108<7.15$，故检验统计量没有落在拒绝域内，所以在显著性水平 $\alpha=0.05$ 下接受 H_0：${\sigma_1}^2={\sigma_2}^2$ 的假设，即认为两批次电子器件的电阻的方差相等.

（2）基于两总体方差相等的前提，在显著性水平 $\alpha=0.05$ 下，检验假设 H_0'：$\mu_1=\mu_2$，H_1'：$\mu_1\neq\mu_2$，采用 t 检验. 检验统计量为

$$T=\frac{(\overline{X}-\overline{Y})-(\mu_1-\mu_2)}{S_\omega\sqrt{\dfrac{1}{n_1}+\dfrac{1}{n_2}}},$$

其中 $S_\omega=\sqrt{\dfrac{(n_1-1)S_1^2+(n_2-1)S_2^2}{n_1+n_2-2}}$. 现有

$$\overline{x}=0.1407\ ,\quad \overline{y}=0.1385\ ,\quad s_1^2=0.0028^2\ ,\quad s_2^2=0.00266^2\ ,\quad n_1=n_2=6\ ,$$

$$T_{1-\alpha/2}(n_1+n_2-2)=T_{0.975}(10)=2.2281\ .$$

拒绝域为 $|T|\geqslant T_{1-\alpha/2}(n_1+n_2-2)$. 经计算得 $|T|=1.3958<2.2281$，故检验统计量没有落在拒绝域内，所以在显著性水平 $\alpha=0.05$ 下接受假设 H_0，即认为两批次电子器件的电阻的均值相等.

例 8.4　有两台机器生产金属部件，分别在两台机器所生产的部件中各取一容量为 $n_1=25$，$n_2=61$ 的样品，测的部件质量（单位：kg）的样本方差分别为 $S_1^2=18.64$，

$S_2^2=9.32$．设两样本相互独立，两总体分别服从正态分布$N(\mu_1,\ \sigma_1^2)$，$N(\mu_2,\ \sigma_2^2)$．μ_1，μ_2，σ_1，σ_2均未知，问：在显著性水平$\alpha=0.05$下，可否认为第一台机器生产的部件质量的方差大于第二台机器生产的部件质量的方差.

【解】由题设要求在显著性水平$\alpha=0.05$下检验假设H_0：$\sigma_1^2\leqslant\sigma_2^2$，$H_1$：$\sigma_1^2>\sigma_2^2$．

采用F检验，检验统计量为$F=\dfrac{S_1^2}{S_2^2}$．现有

$$n_1=60,\quad n_2=40,\quad s_1^2=15.46,\quad s_2^2=9.66,$$
$$F_{1-\alpha}(n_1-1,\ n_2-1)=F_{0.95}(24,\ 60)=1.70,$$

拒绝域为

$$F=\frac{S_1^2}{S_2^2}\geqslant F_{1-\alpha}(n_1-1,\ n_2-1).$$

经计算得$F=2>1.70$，故检验统计量落在拒绝域内，所以在显著性水平$\alpha=0.05$下拒绝H_0，即认为第一台机器生产的部件质量的方差大于第二台机器生产的部件质量的方差.

例 8.5 某厂生产的产品的不合格品率为10%，在一次检查中，随机抽取80件，发现有11件不合格品，那么，在显著性水平$\alpha=0.05$下能否认为不合格品率仍为10%？

【解】这是关于不合格品率的检验，假设为H_0：$p=0.1$，H_1：$p\neq0.1$．

因为$n=80$比较大，所以可采用大样本检验方法．检验统计量为

$$U=\frac{\hat{p}-p_0}{\sqrt{\dfrac{p_0(1-p_0)}{n}}},$$

拒绝域为

$$|U|>u_{1-\frac{\alpha}{2}}=1.96.$$

根据题意计算得

$$U=\frac{\sqrt{80}\times\left(\dfrac{11}{80}-0.1\right)}{\sqrt{0.1\times0.9}}=1.118<1.96,$$

故不能拒绝原假设，保留原假设，即认为在$\alpha=0.05$下，不合格品率仍为10%.

三、典型习题精练

1．设总体$X\sim N(\mu,\ \sigma^2)$，μ已知，$\sigma^2>0$未知，$(x_1,\ x_2,\ \cdots,\ x_n)$为来自总体$X$的一组样本．问检验假设$H_0$：$\sigma^2\leqslant\sigma_0^2$，$H_1$：$\sigma^2>\sigma_0^2$的拒绝域是什么？

2．在假设检验中，记H_0为待检验的原假设，则第一类错误指什么？

3．在假设检验中，显著性水平α表示什么？

4．在进行假设检验时，若增大样本容量，则犯两类错误的概率会怎样变化？

5．设总体$X\sim N(\mu,\ \sigma^2)$，统计假设H_0：$\mu=\mu_0$，H_1：$\mu\neq\mu_0$，若用T检验法，则在显著性水平α下的拒绝域是什么？

6．化工厂用自动打包机包装化肥，某日测得9包化肥的质量（单位：kg）如下：

49.7　49.8　50.3　50.5　49.7　50.1　49.9　50.5　50.4

已知质量服从正态分布，是否可认为每包化肥的平均质量为 50kg（$\alpha=0.05$）.

7．利用某台机器加工零件，规定零件长度为 100cm，标准差不得超过 2cm，每天定时检查其运行情况．现抽取零件 10 个，测得平均长度 $\bar{X}=101\,\text{cm}$，标准差 $S=2\text{cm}$．设零件长度服从正态分布，问该机器的工作是否正常（$\alpha=0.05$）（提示：设零件长度 $X\sim N(\mu,\ \sigma^2)$，先检验假设 H_0：$\mu=\mu_0=100$，后检验假设 H_0：$\sigma^2\leqslant\sigma_0^2=2^2$）．

8．冶炼某种金属有甲、乙两种方法，现在两种不同的方法下得到的产品中各取一个样本，测得产品杂质含量（单位：g）如下：

甲：26.9　22.8　25.7　23.0　22.3　24.2　26.1　26.4　27.2　30.2　24.5　29.5　25.1

乙：22.6　22.5　20.6　23.5　24.3　21.9　20.6　23.2　23.4

已知产品中的杂质含量服从正态分布，问所含产品杂质方差是否相等 （$\alpha=0.05$）.

9．某批矿砂的 5 个样品中的镍含量（%）经测定如下：

3.25　3.27　3.24　3.26　3.24

设测定值服从正态分布，问在显著性水平 $\alpha=0.01$ 下能否认为这批矿砂的镍含量均值为 3.25?

10．测定某种溶液中的水分，根据 10 个测定值得出 $\bar{X}=0.452\%$，$S=0.037\%$．设测定值总体为正态分布，μ 为总体均值，试在显著性水平 $\alpha=0.05$ 下检验假设：

（1）H_0：$\mu\geqslant0.5\%$，H_1：$\mu<0.5\%$；

（2）H_0：$\sigma\geqslant0.04\%$，H_1：$\sigma<0.04\%$．

11．某厂生产的某种钢索的断裂强度服从 $N(\mu,\ \sigma^2)$ 的分布，其中 $\sigma=40$（单位：kg/cm^2）．现从这一批钢索的一个容量为 9 的样本中，测得断裂强度 $\bar{X}$，它与以往正常生产时的 μ 相比，增大了 20（单位：kg/cm^2）．设总体方差不变，问在显著性水平 $\alpha=0.01$ 下能否认为这批钢索质量有显著提高?

12．用户要求某种元件的平均寿命不低于 1200h，标准差不超过 50h．现在一批这种元件中抽取 9 只，测得平均寿命 $\bar{X}=1178\text{h}$，标准差 $S=54\text{h}$．已知元件寿命服从正态分布，试在显著性水平 $\alpha=0.05$ 下从平均寿命和稳定性两方面检验这批元件是否合乎要求?

13．某种导线，要求其电阻的标准差不超过 $0.05\,\Omega$．现在生产的一批导线中取样品 9 根，测得标准差 $S=0.07\Omega$．设总体服从正态分布．问在显著性水平 $\alpha=0.05$ 下能认为这批导线的标准差显著偏大吗?

四、典型习题参考答案

1．$\chi^2=\dfrac{\sum\limits_{i=1}^{n}(x_i-\bar{x})^2}{\sigma_0^2}\geqslant\chi_{1-\alpha}^2(n-1)$．

2．H_0 为真，拒绝 H_0．

3．原假设为真时被拒绝的概率．

4．都减小．

5．$\left|T\right| > T_{1-\frac{\alpha}{2}}(n-1)$．

6．$T=0.8955 < T_{0.975}(8)=2.3060$，没有落入拒绝域，可以认为每包化肥的平均质量为50kg．

7．$T=1.58 < T_{0.975}(9)=2.2622$，没有落入拒绝域，可以认为$\mu=100$．

$\chi^2=9 < \chi^2_{0.95}(9)=16.92$，没有落入拒绝域，可以认为$\sigma^2 \leqslant 2^2$．

综上可以认为，机器工作正常．

8．$F=3.5716 > F_{0.975}(12,8)=4.2$，没有落入拒绝域，可以认为所含产品杂质方差不相等．

9．$T=0.3193 < T_{0.995}(4)=4.6041$，没有落入拒绝域，可以认为这批矿砂的镍含量均值为3.25．

10．（1）$T=-2.9 < -T_{0.95}(9)=-1.8331$，落入拒绝域，拒绝原假设．

（2）$\chi^2=7.7 > \chi^2_{0.05}(9)=3.33$，没有落入拒绝域，保留原假设．

11．此问题是假设检验问题，H_0：$\mu \geqslant \bar{X}-20$，H_1：$\mu < \bar{X}-20$，$U=1.5 < U_{0.995}=2.58$，没有落入拒绝域，可以认为这批钢索质量有显著提高．

12．此问题是假设检验问题．

（1）H_0：$\mu \geqslant 1200$，H_1：$\mu < 1200$．$T=-1.22 > -T_{0.95}(8)=-1.8595$，没有落入拒绝域，保留原假设．

（2）H_0：$\sigma \leqslant 50$，H_1：$\sigma > 50$．$\chi^2=9.33 < \chi^2_{0.95}(8)=15.51$，没有落入拒绝域，保留原假设．

综上可以认为，从平均寿命和稳定性两方面检验这批元件合乎要求．

13．$\chi^2=15.68 > \chi^2_{0.95}(8)=15.51$，落入拒绝域，故可以认为这批导线的标准差显著偏大．

第9章　方差分析

一、内容提要

（一）单因素方差分析

1. 问题的提出

引例　对六种不同的农药在相同条件下分别进行杀虫试验，结果如表9.1所示.

表9.1

杀虫率 水平 / 试验号	A_1	A_2	A_3	A_4	A_5	A_6
1	87	90	56	55	92	75
2	85	88	62	48	99	72
3	80	87	—	—	95	81
4	—	94	—	—	91	—

试检验不同品种的农药对杀虫率的影响。

在解决问题之前，首先明确以下定义：

（1）需要检验的指标称为试验指标，如引例中的杀虫率为试验指标，通常用X表示.

（2）试验指标所处的条件为因素或因子，如引例中的农药的品种为因素，通常用A表示.

（3）因素所处的状态称为水平，如引例中有六种农药，就有六个水平，记为A_1，A_2，A_3，A_4，A_5，A_6.

（4）在检验影响试验指标的因素只有一个时的方差分析，称为单因素方差分析.

（5）如果对不同水平条件下进行的试验次数相同的试验称为等重复试验，如引例不是一个等重复试验.

2. 单因素方差分析的统计模型

引例中只考虑一个因素，所以是单因素方差分析，设因素A有r个水平A_1，A_2，…，A_r，在每一水平下考察的指标值的全体可以看成一个总体，现有r个水平，故有r个总体，并假定：

（1）各总体均服从正态分布，即$X_j \sim N(\mu_j, \sigma^2)$，$j=1, 2, \cdots, r$；

（2）各总体的方差相同；

（3）从各总体中抽取的样本相互独立.

我们要检验不同品种的农药对杀虫率的影响，就是要检验各总体的均值是否相同，设第 j 个总体均值为 μ_j，那么就要检验如下假设：

$$H_0\text{：}\ \mu_1=\mu_2=\cdots=\mu_r\text{，} \tag{9.1}$$

其备择假设为 H_1：μ_1，μ_2，…，μ_r 不全相同．通常 H_1 可以省略不写．

为检验假设（9.1）需要从每一个总体中抽取样本．设从第 j 个总体中获得的各样本为 X_{1j}，X_{2j}，…，$X_{n_j j}$，容量为 n_j，$j=1, 2, \cdots, r$，各样本间是相互独立的，其中，

$$\bar{X}_j=\frac{1}{n_j}\sum_{i=1}^{n_j}X_{ij}\text{，}\quad \bar{X}=\frac{1}{n}\sum_{j=1}^{r}\sum_{i=1}^{n_j}X_{ij}\text{，}\quad n=\sum_{j=1}^{r}n_j\ .$$

在 A_j 水平下获得的 X_{ij} 与 μ_j 不会总是一致的，记

$$\varepsilon_{ij}=X_{ij}-\mu_j\text{，} \tag{9.2}$$

因为 $X_{ij}\sim N(\mu_j,\ \sigma^2)$，所以 $\varepsilon_{ij}\sim N(0,\ \sigma^2)$．因此归纳出单因素方差分析的统计模型为

$$X_{ij}=\mu_j+\varepsilon_{ij},\ i=1,\ 2,\ \cdots,n_j,\ j=1,\ 2,\ \cdots\ r\text{，} \tag{9.3}$$

其中，各 ε_{ij} 相互独立，且都服从 $N(0,\ \sigma^2)$．

令 $\mu=\frac{1}{n}\sum_{j=1}^{r}n_j\mu_j$，则因子 A 在第 j 水平下的主效应为 $\alpha_j=\mu_j-\mu$，$j=1, 2, \cdots, r$，且满足 $\sum_{j=1}^{r}n_j\alpha_j=0$．此时单因素方差分析模型可改写成

$$\begin{cases}X_{ij}=\mu+\alpha_j+\varepsilon_{ij},\ i=1,\ 2,\ \cdots,\ n_j,\ j=1,\ 2,\ \cdots\ r,\\ \sum_{j=1}^{r}n_j\alpha_j=0,\end{cases} \tag{9.4}$$

其中，各 ε_{ij} 相互独立，且都服从 $N(0,\ \sigma^2)$．因此所要检验的假设（9.1）可改写为

$$H_0\text{：}\ \alpha_1=\alpha_2=\cdots=\alpha_r=0\ .$$

3. *单因素方差分析的统计分析*

（1）平方和分解：

记

$$\bar{X}_j=\frac{1}{n_j}\sum_{i=1}^{n_j}X_{ij}\text{，}\quad S_j^2=\frac{1}{(n_j-1)}\sum_{i=1}^{n_j}(X_{ij}-\bar{X}_j)^2\text{，}\quad j=1,\ 2,\ \cdots,\ r\text{，}$$

若 $\bar{X}_j$ 与 S_j^2 相互独立，且

$$\bar{X}_j\sim N\left(\mu_j,\ \frac{\sigma^2}{n_j}\right)\text{，}\quad \frac{(n_j-1)S_j^2}{\sigma^2}\sim\chi^2(n_j-1)\ .$$

则各 X_{ij} 间的差异大小可用总偏差平方和 S_T 表示：

$$S_T=\sum_{j=1}^{r}\sum_{i=1}^{n_j}(X_{ij}-\bar{X})^2\ . \tag{9.5}$$

由随机误差引起的数据间的差异可以用组内偏差平方和表示，记为 S_e：

$$S_e=\sum_{j=1}^{r}\sum_{i=1}^{n_j}(X_{ij}-\bar{X}_j)^2 . \tag{9.6}$$

由效应不同引起的数据差异可用组间偏差平方和表示，记为 S_A：

$$S_A=\sum_{j=1}^{r}\sum_{i=1}^{n_j}(\bar{X}_j-\bar{X})^2 . \tag{9.7}$$

可证明上述三个偏差平方和间有如下关系式：

$$S_T=S_e+S_A . \tag{9.8}$$

式（9.8）通常称为平方和分解式．其证明过程如下：

$$\begin{aligned} S_T &=\sum_{j=1}^{r}\sum_{i=1}^{n_j}(X_{ij}-\bar{X})^2=\sum_{j=1}^{r}\sum_{i=1}^{n_j}[(X_{ij}-\bar{X}_j)+(\bar{X}_j-\bar{X})]^2 \\ &=\sum_{j=1}^{r}\sum_{i=1}^{n_j}(X_{ij}-\bar{X}_j)^2+\sum_{j=1}^{r}\sum_{i=1}^{n_j}(\bar{X}_j-\bar{X})^2+2\sum_{j=1}^{r}\sum_{i=1}^{n_j}(X_{ij}-\bar{X}_j)(\bar{X}_j-\bar{X}) \\ &=S_e+S_A . \end{aligned}$$

注意上述第三项等于 0．

（2）检验统计量及拒绝域．

定理 9.1　在单因素方差分析模型中，有

$$E(S_A)=(r-1)\sigma^2+\sum_{j=1}^{r}n_j\alpha_j^2 ,$$

$$E(S_e)=(n-r)\sigma^2 .$$

定理 9.2　在单因素方差分析模型中，有

（1）$\dfrac{S_e}{\sigma^2}\sim\chi^2(n-r)$；

（2）当 H_0 为真时，$\dfrac{S_A}{\sigma^2}\sim\chi^2(r-1)$．

因此可采用统计量

$$F=\frac{S_A/(r-1)}{S_e/(n-r)} . \tag{9.9}$$

令 $MS_A=\dfrac{S_A}{r-1}$，$MS_e=\dfrac{S_e}{n-r}$，则当 H_0 为真时，

$$F=\frac{S_A/(r-1)}{S_e/(n-r)}=\frac{MS_A}{MS_e}\sim F(r-1,\ n-r) ,$$

故得拒绝域为

$$W=\{F\geqslant F_{1-\alpha}(r-1,\ n-r)\} .$$

单因子方差分析如表 9.2 所示．

表 9.2

来源	平方和	自由度	均方	F 比
A	S_A	$f_A=r-1$	$MS_A=\frac{S_A}{f_A}$	$F=MS_A/MS_e$
e	S_e	$f_e=n-r$	$MS_e=\frac{S_e}{f_e}$	
T	S_T	$f_T=n-1$	—	—

表 9.2 中的各平方和可计算如下：

$$S_T=\sum_{j=1}^{r}\sum_{i=1}^{n_j}(X_{ij}-\bar{X})^2=\sum_{j=1}^{r}\sum_{i=1}^{n_j}X_{ij}^{\ 2}-\frac{\left(\sum_{j=1}^{r}\sum_{i=1}^{n_j}X_{ij}\right)^2}{n},$$

$$S_A=\sum_{j=1}^{r}\sum_{i=1}^{n_j}(\bar{X}_j-\bar{X})^2=\sum_{j=1}^{r}\frac{1}{n_j}\left(\sum_{i=1}^{n_j}X_{ij}\right)^2-\frac{\left(\sum_{j=1}^{r}\sum_{i=1}^{n_j}X_{ij}\right)^2}{n},$$

$$S_e=S_T-S_A.$$

由表 9.1 求得各类偏差平方和为

$$S_T=3972.5，\ S_A=3794.5，\ S_e=178.$$

填写引例的方差分析表如表 9.3 所示.

表 9.3

来源	平方和	自由度	均方	F 比
A	3794.5	5	758.9	51.17
e	178	12	14.83	
T	3972.5	17	—	—

拒绝域为

$$W=\{F\geqslant F_{1-\alpha}(r-1,\ n-r)\}=\{F\geqslant F_{0.99}(5,\ 12)\}=\{F\geqslant 5.06\}.$$

显然 51.17≥5.06，故 F 比落入拒绝域，即拒绝原假设，说明不同品种农药对杀虫率有显著影响.

4. 参数估计

（1）点估计：利用极大似然估计法可得 μ，μ_j，α_j，σ^2 的极大似然估计（Maximum Likeli hood Estimate，MLE）如下：

$\hat{\mu}=\bar{X}$ 为 μ 的无偏估计量；

$\hat{\mu}_j=\bar{X}_j$ 为 μ_j 的无偏估计量；

$\hat{\alpha}_j=\bar{X}_j-\bar{X}$ 为 α_j 的无偏估计量；

$\hat{\sigma}^2 = \dfrac{S_e}{n-r}$ 为 σ^2 的无偏估计量.

（2）区间估计：利用枢轴量法，可构造 μ_j 和 σ^2 的置信水平为 $1-\alpha$ 的置信区间如下：

关于 μ_j 的置信区间为 $\left(\bar{X}_j - t_{1-\frac{\alpha}{2}}(n-r)\dfrac{\hat{\sigma}}{\sqrt{n_j}},\ \bar{X}_j + t_{1-\frac{\alpha}{2}}(n-r)\dfrac{\hat{\sigma}}{\sqrt{n_j}}\right)$；

关于 σ^2 的置信区间为 $\left(\dfrac{S_e}{\chi^2_{1-\frac{\alpha}{2}}(n-r)},\ \dfrac{S_e}{\chi^2_{\frac{\alpha}{2}}(n-r)}\right)$.

（二）多重比较

同时比较任意两个水平均值间有无显著差异的问题称为多重比较，即以显著性水平 α 同时检验以下 C_r^2 个假设：

$$H_0^{ij}:\ \mu_i = \mu_j,\ i<j,\ i,\ j=1,\ 2,\ \cdots,\ r. \tag{9.10}$$

1. 等重复试验的T法

在因子 A 的每个水平下获得的样本容量都相等，即 $n_1 = n_2 = \cdots = n_r = m$，则样本均值

$$\bar{X}_i \sim N\left(\mu_i, \frac{\sigma^2}{m}\right),\quad \bar{X}_i - \bar{X}_j \sim N\left(\mu_i - \mu_j, \frac{\sigma^2}{m} + \frac{\sigma^2}{m}\right).$$

当 H_0^{ij} 为真时，$\left|\bar{X}_i - \bar{X}_j\right|$ 不应过大，若过大则拒绝原假设 H_0^{ij}，因此多重比较的拒绝域为

$$W = \bigcup_{i<j}\left\{\left|\bar{X}_i - \bar{X}_j\right| \geqslant c\right\}.$$

给定显著性水平 α，要求当 H_0^{ij} 为真时，$P(W)=\alpha$，那么当一切 H_0^{ij} 为真时，有

$$\begin{aligned}
P(W) &= P\left(\bigcup_{i<j}\left(\left|\bar{X}_i - \bar{X}_j\right| \geqslant c\right)\right) = 1 - P\left(\bigcup_{i<j}\left|\bar{X}_i - \bar{X}_j\right| < c\right) \\
&= 1 - P(\max_{i<j}\left|\bar{X}_i - \bar{X}_j\right| < c) = P(\max_{i<j}\left|\bar{X}_i - \bar{X}_j\right| \geqslant c) \\
&= P\left(\max_{i<j}\left|\frac{\bar{X}_i - \bar{X}_j}{\hat{\sigma}/\sqrt{m}}\right| \geqslant \frac{c}{\hat{\sigma}/\sqrt{m}}\right) \\
&= P\left(\max_{i<j}\left|\frac{(\bar{X}_i - \mu_i) - (\bar{X}_j - \mu_j)}{\hat{\sigma}/\sqrt{m}}\right| \geqslant \frac{c}{\hat{\sigma}/\sqrt{m}}\right) \\
&= P\left(\max_i \frac{\bar{X}_i - \mu_i}{\hat{\sigma}/\sqrt{m}} - \max_j \frac{\bar{X}_j - \mu_j}{\hat{\sigma}/\sqrt{m}} \geqslant \frac{c}{\hat{\sigma}/\sqrt{m}}\right) \\
&= P\left(\left(t_{(r)} - t_{(1)}\right) \geqslant \frac{c}{\hat{\sigma}/\sqrt{m}}\right).
\end{aligned}$$

记$q(r, f_e)=t_{(r)}-t_{(1)}$，其为自由度为$f_e$的$t$分布的容量为$r$的样本极差，称为$t$化极差变量．可取$\dfrac{c}{\hat{\sigma}/\sqrt{m}}=q_{1-\alpha}(r, f_e)$，从而$c=q_{1-\alpha}(r, f_e)\hat{\sigma}/\sqrt{m}$，于是得多重比较问题的拒绝域为

$$W=\left\{\left|\bar{X}_i-\bar{X}_j\right|\geqslant q_{1-\alpha}(r, f_e)\hat{\sigma}/\sqrt{m}\right\}. \tag{9.11}$$

2．不等重复试验的S法

在重复数$n_1, n_2, \cdots, n_r$不等的场合，若

$$[(\bar{X}_i-\bar{X}_j)-(\mu_i-\mu_j)]\sim N\left(0, \frac{\sigma^2}{n_i}+\frac{\sigma^2}{n_j}\right),$$

则有

$$\frac{(\bar{X}_i-\bar{X}_j)-(\mu_i-\mu_j)}{\hat{\sigma}\sqrt{\dfrac{1}{n_i}+\dfrac{1}{n_j}}}\sim t(f_e).$$

在H_0^{ij}为真时，

$$\frac{\bar{X}_i-\bar{X}_j}{\hat{\sigma}\sqrt{\dfrac{1}{n_i}+\dfrac{1}{n_j}}}\sim t(f_e),$$

或

$$F=\frac{(\bar{X}_i-\bar{X}_j)^2}{\left(\dfrac{1}{n_i}+\dfrac{1}{n_j}\right)\hat{\sigma}^2}\sim F(1, f_e).$$

当一切H_0^{ij}为真时，有

$$P(W)=P\left(\max_{i<j}\left|\frac{\bar{X}_i-\bar{X}_j}{\hat{\sigma}\sqrt{\dfrac{1}{n_i}+\dfrac{1}{n_j}}}\right|\geqslant c\right)=P\left(\max_{i<j}\frac{(\bar{X}_i-\bar{X}_j)^2}{\left(\dfrac{1}{n_i}+\dfrac{1}{n_j}\right)\hat{\sigma}^2}\geqslant c^2\right)\leqslant\alpha.$$

令

$$F'=\max_{i<j}\frac{(\bar{X}_i-\bar{X}_j)^2}{\left(\dfrac{1}{n_i}+\dfrac{1}{n_j}\right)\hat{\sigma}^2},$$

则有$F'/(r-1)\sim F(r-1, f_e)$，可取$c=(r-1)F_{1-\alpha}(r-1, f_e)$．这表明当

$$\left|\bar{X}_i-\bar{X}_j\right|\geqslant\hat{\sigma}\sqrt{(r-1)F_{1-\alpha}(r-1, f_e)\left(\frac{1}{n_i}+\frac{1}{n_j}\right)}$$

时，拒绝原假设 $\mu_i=\mu_j$. 若记

$$c_{ij}=\hat{\sigma}\sqrt{(r-1)F_{1-\alpha}(r-1,\ f_e)\left(\frac{1}{n_i}+\frac{1}{n_j}\right)},$$

则显著性水平为 α 的拒绝域为

$$\left\{\left|\bar{X}_i-\bar{X}_j\right|\geqslant c_{ij}\right\}.$$

（三）双因素方差分析

1. 基本假定

设影响试验指标的因素为 A 和 B，其中 A 有 r 个水平 $A_1,\ A_2,\ \cdots,\ A_r$，B 有 s 个水平 $B_1,\ B_2,\ \cdots,\ B_s$，每一水平组合 $(A_i,\ B_j)$ 下的试验结果记为 X_{ij}，并假定 $X_{ij}\sim N(\mu_{ij},\ \sigma^2)$，$i=1,2,\cdots,r$；$j=1,2,\cdots,s$，且相互独立.

在 $(A_i,\ B_j)$ 下抽取容量为 t 的样本 $X_{ij1},\ X_{ij2},\ \cdots,\ X_{ijt}$，显然 $X_{ijk}\sim N(\mu_{ij},\ \sigma^2)$，$k=1,2,3,\cdots,t$，$t\geqslant 2$.

令 $\varepsilon_{ijk}=X_{ijk}-\mu_{ij}$，则 $\varepsilon_{ijk}\sim N(0,\ \sigma^2)$ 且相互独立.

综上所述，对双因素方差分析的基本假定如下：

$$\begin{cases}X_{ijk}\sim N(\mu_{ij},\ \sigma^2)\text{且独立},\ i=1,2,\cdots,r;\ j=1,2,\cdots,s;\ k=1,2,\cdots,t,\\ \varepsilon_{ijk}\sim N(0,\ \sigma^2)\text{且独立},\\ \mu_{ij}\text{与}\sigma^2\text{未知}.\end{cases}$$

对双因素方差分析，所要检验的原假设和备择假设为

$$H_0:\ \mu_{ij}\text{全相等},\ i=1,2,\cdots,r;\ H_1:\ \mu_{ij}\text{不全相等},\ j=1,2,\cdots,s.$$

称 $\mu=\dfrac{\sum\limits_i\sum\limits_j\mu_{ij}}{rs}$ 为总平均值；$\mu_{i\cdot}=\dfrac{\sum\limits_j\mu_{ij}}{s}$，$i=1,2,\cdots,r$ 为 A_i 水平下的均值；$\mu_{\cdot j}=\dfrac{\sum\limits_i\mu_{ij}}{r}$，$j=1,2,\cdots,s$ 为 B_j 水平下的均值；$\alpha_i=\mu_{i\cdot}-\mu$ 为因素 A 在第 i 个水平下的效应；$\beta_j=\mu_{\cdot j}-\mu$ 为因素 B 在第 j 个水平下的效应，且 $\sum\limits_i\alpha_i=0,\ \sum\limits_j\beta_j=0$，所以有 $\mu_{ij}=\mu+\alpha_i+\beta_j+(\mu_{ij}-\mu_{i\cdot}-\mu_{\cdot j}+\mu)$.

若记 $\gamma_{ij}=\mu_{ij}-\mu_{i\cdot}-\mu_{\cdot j}+\mu$，则称 γ_{ij} 为水平 A_i 和 B_j 的交互效应，且满足 $\sum\limits_i\gamma_{ij}=0,\ \sum\limits_j\gamma_{ij}=0$.

在给出以上效应的定义后，模型的基本假定变为

$$\begin{cases} X_{ijk}=\mu+\alpha_i+\beta_j+\gamma_{ij}+\varepsilon_{ijk}, \\ \varepsilon_{ijk}\sim N(0,\ \sigma^2)\text{且独立}, \\ \sum_i \alpha_i=0,\ \sum_j \beta_j=0,\ \sum_i \gamma_{ij}=0,\ \sum_j \gamma_{ij}=0, \\ \mu,\ \alpha_i,\ \beta_j,\ \gamma_{ij},\ \sigma^2\text{未知}. \end{cases}$$

原假设 H_0 改写为

$$\begin{cases} H_{01}:\ \alpha_1=\alpha_2=\cdots=\alpha_r=0, \\ H_{02}:\ \beta_1=\beta_2=\cdots=\beta_s=0, \\ H_{03}:\ \gamma_{11}=\gamma_{12}=\cdots=\gamma_{1s}=\gamma_{21}=\cdots=\gamma_{rs}=0. \end{cases}$$

2. 统计分析

（1）平方和分解：

记

$$\bar{X}=\frac{1}{rst}\sum_{i=1}^{r}\sum_{j=1}^{s}\sum_{k=1}^{t}X_{ijk}\ ,\quad \bar{X}_{ij\cdot}=\frac{1}{t}\sum_{k=1}^{t}X_{ijk}\ ,\quad \bar{X}_{i\cdot\cdot}=\frac{1}{st}\sum_{j=1}^{s}\sum_{k=1}^{t}X_{ijk}\ ,\quad \bar{X}_{\cdot j\cdot}=\frac{1}{rt}\sum_{i=1}^{r}\sum_{k=1}^{t}X_{ijk}\ ,$$

则

$$\begin{aligned} S_T&=\sum_{i=1}^{r}\sum_{j=1}^{s}\sum_{k=1}^{t}(X_{ijk}-\bar{X})^2 \\ &=\sum_i\sum_j\sum_k[(X_{ijk}-\bar{X}_{ij\cdot})+(\bar{X}_{ij\cdot}-\bar{X}_{i\cdot\cdot}-\bar{X}_{\cdot j\cdot}+\bar{X})+(\bar{X}_{i\cdot\cdot}-\bar{X})+(\bar{X}_{\cdot j\cdot}-\bar{X})]^2 \\ &=\sum_i\sum_j\sum_k(X_{ijk}-\bar{X}_{ij\cdot})^2+t\sum_i\sum_j(\bar{X}_{ij\cdot}-\bar{X}_{i\cdot\cdot}-\bar{X}_{\cdot j\cdot}+\bar{X})^2 \\ &\quad+st\sum_i(\bar{X}_{i\cdot\cdot}-\bar{X})^2+rt\sum_j(\bar{X}_{\cdot j\cdot}-\bar{X})^2\ . \end{aligned}$$

记 $S_e=\sum_i\sum_j\sum_k(X_{ijk}-\bar{X}_{ij\cdot})^2$ 为误差平方和，$S_{A\times B}=t\sum_i\sum_j(\bar{X}_{ij\cdot}-\bar{X}_{i\cdot\cdot}-\bar{X}_{\cdot j\cdot}+\bar{X})^2$ 为交互效应平方和，$S_A=st\sum_i(\bar{X}_{i\cdot\cdot}-\bar{X})^2$ 为 A 因素平方和，$S_B=rt\sum_j(\bar{X}_{\cdot j\cdot}-\bar{X})^2$ 为 B 因素平方和，则可得到如下关系：

$$S_T=S_e+S_{A\times B}+S_A+S_B\ .$$

记

$$\bar{\varepsilon}=\frac{1}{rst}\sum_{i=1}^{r}\sum_{j=1}^{s}\sum_{k=1}^{t}\varepsilon_{ijk}\ ,\quad \bar{\varepsilon}_{ij\cdot}=\frac{1}{t}\sum_{k=1}^{t}\varepsilon_{ijk}\ ,\quad \bar{\varepsilon}_{i\cdot\cdot}=\frac{1}{st}\sum_{j=1}^{s}\sum_{k=1}^{t}\varepsilon_{ijk}\ ,\quad \bar{\varepsilon}_{\cdot j\cdot}=\frac{1}{rt}\sum_{i=1}^{r}\sum_{k=1}^{t}\varepsilon_{ijk}\ ,$$

故

$$\bar{X}_{ij\cdot}=\mu+\alpha_i+\beta_j+\gamma_{ij}+\bar{\varepsilon}_{ij\cdot}\ ,\quad \bar{X}_{i\cdot\cdot}=\mu+\alpha_i+\bar{\varepsilon}_{i\cdot\cdot}\ ,$$

$$\bar{X}_{\cdot j\cdot}=\mu+\beta_j+\bar{\varepsilon}_{\cdot j\cdot}\ ,\quad \bar{X}=\mu+\bar{\varepsilon}\ ,$$

则

$$S_e=\sum_i\sum_j\sum_k(\varepsilon_{ijk}-\bar{\varepsilon}_{ij\cdot})^2,\quad S_{A\times B}=t\sum_i\sum_j(\gamma_{ij}+\bar{\varepsilon}_{ij\cdot}-\bar{\varepsilon}_{i\cdot\cdot}-\bar{\varepsilon}_{\cdot j\cdot}+\bar{\varepsilon})^2,$$

$$S_A=st\sum_i(\alpha_i+\bar{\varepsilon}_{i\cdot\cdot}-\bar{\varepsilon})^2,\quad S_B=rt\sum_j(\beta_j+\bar{\varepsilon}_{\cdot j\cdot}-\bar{\varepsilon})^2 .$$

（2）检验量及其分布：

定理 9.3 在双因素方差分析模型中，有

① $E(S_e)=rs(t-1)\sigma^2$；

② $E(S_A)=(r-1)\sigma^2+st\sum\limits_{i=1}^{r}\alpha_i^2$；

③ $E(S_B)=(s-1)\sigma^2+rt\sum\limits_{j=1}^{s}\beta_j^2$；

④ $E(S_{A\times B})=(r-1)(s-1)\sigma^2+t\sum\limits_{i=1}^{r}\sum\limits_{j=1}^{s}\gamma_{ij}^2$.

定理 9.4 在双因素方差分析中，有

① $\dfrac{S_e}{\sigma^2}\sim\chi^2(rs(t-1))$；

② 当 H_{01} 为真时，$\dfrac{S_A}{\sigma^2}\sim\chi^2(r-1)$；

③ 当 H_{02} 为真时，$\dfrac{S_B}{\sigma^2}\sim\chi^2(s-1)$；

④ 当 H_{03} 为真时，$\dfrac{S_{A\times B}}{\sigma^2}\sim\chi^2((r-1)(s-1))$；

⑤ S_e，S_A，S_B，$S_{A\times B}$ 相互独立.

下面列出相应的拒绝域：

① 当 H_{01} 为真时，

$$F_A=\frac{\dfrac{S_A}{\sigma^2}/(r-1)}{\dfrac{S_e}{\sigma^2}/[rs(t-1)]}=\frac{S_A/(r-1)}{S_e/[rs(t-1)]}\sim F(r-1,\ rs(t-1)),$$

故拒绝域为

$$W_{01}=\{F_A>F_{1-\alpha}(r-1,\ rs(t-1))\}.$$

② 当 H_{02} 为真时，

$$F_B=\frac{\dfrac{S_B}{\sigma^2}/(s-1)}{\dfrac{S_e}{\sigma^2}/[rs(t-1)]}=\frac{S_B/(s-1)}{S_e/[rs(t-1)]}\sim F(s-1,\ rs(t-1)),$$

故拒绝域为

$$W_{02}=\{F_B>F_{1-\alpha}(s-1,\ rs(t-1))\}.$$

③ 当 H_{03} 为真时，

$$F_{A\times B}=\frac{\frac{S_{A\times}}{\sigma^2}/(r-1)}{\frac{S_e}{\sigma^2}/[rs(t-1)]}=\frac{S_{A\times B}/(r-1)(s-1)}{S_e/[rs(t-1)]}\sim F((r-1)(s-1),\ rs(t-1)),$$

故拒绝域为

$$W_{03}=\{F_{A\times B}>F_{1-\alpha}((r-1)(s-1),\ rs(t-1))\}.$$

双因素方差分析如表 9.4 所示.

表 9.4

方差来源	平方和	自由度	均方和	F 比
A	S_A	$r-1$	$\bar{S}_A=\frac{S_A}{r-1}$	$F_A=\frac{\bar{S}_A}{\bar{S}_e}$
B	S_B	$s-1$	$\bar{S}_B=\frac{S_B}{s-1}$	$F_B=\frac{\bar{S}_B}{\bar{S}_e}$
$A\times B$	$S_{A\times B}$	$(r-1)(s-1)$	$\bar{S}_{A\times B}=\frac{S_{A\times B}}{(r-1)(s-1)}$	$F_{A\times B}=\frac{\bar{S}_{A\times B}}{\bar{S}_e}$
误差	S_e	$rs(t-1)$	$\bar{S}_e=\frac{S_e}{rs(t-1)}$	—
总和	S_T	$rst-1$	—	—

二、典型例题及其分析

例 9.1　某食品公司对一种食品设计了 4 种包装. 为了考察各种包装的受欢迎程度，选取了 10 个有近似销售量的商品做试验. 把 4 种包装随机分到 10 个商店，其中，两种包装各有两个商店销售，另两种包装各有 3 个商店销售. 在试验期间，各个商店的货架排放位置、空间都尽量一致，营业员的促销方法也基本相同. 观察在一定时期的销量，所得数据如表 9.5 所示.

表 9.5

包装类型	商店销量			商店数 n_j
	1	2	3	
A_1	12	18	—	2
A_2	14	12	13	3
A_3	19	17	21	3
A_4	24	30	—	2

【解】首先计算各偏差平方和如下：

$$S_T=304,\quad S_A=258,\quad S_e=S_T-S_A=46.$$

填写方差分析表，如表 9.6 所示.

表 9.6

来源	平方和	自由度	均方	F 比
A	258	3	86	11.22
e	46	6	7.67	
T	304	9	—	—

当显著性水平 $\alpha=0.05$ 时，查得 $F_{0.95}(3, 6)=4.76$，故拒绝域为 $\{F\geqslant 4.76\}$．又 $F=11.22>4.76$，故样本落入拒绝域，即认为 4 种包装的销售量有显著差异，这说明不同包装受顾客欢迎的程度不同.

例 9.2　对例 9.1 各种包装的销售量的均值分别求置信水平为 0.95 的置信区间.

【解】求得各种包装下销售量均值的点估计分别为

$$\hat{\mu}_1=\overline{X}_1=15,\ \hat{\mu}_2=\overline{X}_2=13,\ \hat{\mu}_3=\overline{X}_3=19,\ \hat{\mu}_4=\overline{X}_4=27.$$

因为 $n-r=6$，在 $\alpha=0.05$ 时，$t_{0.975}(6)=2.4469$，由表 9.5 可知，$\hat{\sigma}^2=7.67$，故 $\hat{\sigma}=2.77$.

当 $n_j=2$ 时，$t_{0.975}(6)\dfrac{\hat{\sigma}}{\sqrt{n_j}}=4.8$；当 $n_j=3$ 时，$t_{0.975}(6)\dfrac{\hat{\sigma}}{\sqrt{n_j}}=3.9$.

因此各种包装下销售量均值的置信水平为 0.95 的置信区间分别为

μ_1：$[15-4.8,\ 15+4.8]=[10.2,\ 19.8]$；

μ_2：$[13-3.9,\ 13+3.9]=[9.1,\ 16.9]$；

μ_3：$[19-3.9,\ 19+3.9]=[15.1,\ 22.9]$；

μ_4：$[27-4.8,\ 27+4.8]=[22.2,\ 31.8]$.

例 9.3　在显著性水平 $\alpha=0.05$ 下对例 9.1 做多重比较.

【解】在例 9.1 中，$r=4$，$f_e=n-r=6$，$\hat{\sigma}^2=7.67$．当 $\alpha=0.05$ 时，$F_{0.95}(3, 6)=4.76$．由于 $n_1=2,\ n_2=3,\ n_3=3,\ n_4=2$，所以对不同 $i,\ j$，检验假设 H_0^{ij} 的拒绝域不同.

当 $n_i=2,\ n_j=2$ 时，

$$c_{(1)}=\sqrt{3\times 4.76\times\left(\frac{1}{2}+\frac{1}{2}\right)\times 7.67}\approx 10.5,$$

因而检验 H_0^{14} 的拒绝域为 $\left\{\left|\overline{X}_1-\overline{X}_4\right|\geqslant 10.5\right\}$．又 $\left|\overline{X}_1-\overline{X}_4\right|=12>10.5$，故拒绝 H_0^{14}，即认为 μ_1 和 μ_4 有显著差异.

当 $n_i=2,\ n_j=3$ 时，

$$c_{(2)}=\sqrt{3\times 4.76\times\left(\frac{1}{2}+\frac{1}{3}\right)\times 7.67}\approx 9.6,$$

因而检验 $H_0^{12},\ H_0^{13},\ H_0^{24},\ H_0^{34}$ 的拒绝域为 $\left\{\left|\overline{X}_i-\overline{X}_j\right|\geqslant 9.6\right\}$．又 $\left|\overline{X}_1-\overline{X}_2\right|=2<9.6$，$\left|\overline{X}_1-\overline{X}_3\right|=4<9.6$，$\left|\overline{X}_2-\overline{X}_4\right|=14>9.6$，$\left|\overline{X}_3-\overline{X}_4\right|=8<9.6$，故拒绝 H_0^{24}，即认为 μ_2 和 μ_4 有显著差异，其他无显著差异.

当 $n_i=3,\ n_j=3$ 时，

$$c_{(3)}=\sqrt{3\times4.76\times\left(\frac{1}{3}+\frac{1}{3}\right)\times7.67}\approx8.5,$$

因而检验H_0^{23}的拒绝域为$\{|\bar{X}_2-\bar{X}_3|\geqslant8.5\}$. 又$|\bar{X}_2-\bar{X}_3|=6<8.5$，故接受$H_0^{23}$，即认为$\mu_2$和$\mu_3$间无显著差异.

综上，A_4这种包装的销售量明显高于A_1，A_2这两种包装的销售量，与A_3包装间的差异尚未达到显著水平，这说明A_4是最受欢迎的包装.

例 9.4 在单因子方差分析中，因子A有 3 个水平，每个水平各做 4 次重复试验，请完成方差分析表（表 9.7），并在显著性水平$\alpha=0.05$下对因子A是否显著作出检验.

表 9.7

来源	平方和	自由度	均方	F 比
A	4.2			
e	2.7			
T	6.9			

【解】由题得$r=3$，$n=12$，$n_1=4$，$n_2=4$，$n_3=4$，$n_4=4$，故

$$r-1=2,\ n-r=9,\ S_A=4.2,\ S_e=2.7,\ S_T=6.9.$$

填写方差分析表如表 9.8 所示.

表 9.8

来源	平方和	自由度	均方	F 比
A	4.2	$r-1=2$	$MS_A=\frac{S_A}{r-1}=\frac{4.2}{2}=2.1$	$\frac{MS_A}{MS_e}=\frac{2.1}{0.3}=9$
e	2.7	$n-r=9$	$MS_e=\frac{S_e}{n-r}=\frac{2.7}{9}=0.3$	
T	6.9	$n-1=11$	—	—

当$\alpha=0.05$时，查表得$F_{0.95}(2,9)=4.26$，故拒绝域为$\{F\geqslant4.26\}$，又$F=9>4.26$，故样本落入拒绝域，即因子A是显著的.

三、典型习题精练

1．在一个单因子试验中，因子A有 3 个水平，每个水平下各重复试验 5 次，具体数据及其均值、组内（偏差）平方和如表 9.9 所示.

表 9.9

水平	数据	和	均值	组内平方和
水平 1	4，8，5，7，6	30	6	10
水平 2	2，0，2，2，4	10	2	8
水平 3	3，4，6，2，5	20	4	10

试计算误差平方和S_e，因子A的平方和S_A，总的平方和S_T，并指出它们各自的自

由度.

2．在单因子试验中，因子 A 有 4 个水平，每个水平下重复 3 次试验，现已求得每个水平下试验结果的样本标准差分别为 1.5，2.0，1.6，1.2，则其误差平方和为多少？误差的方差 σ^2 的估计值是多少？

3．某商店经理给出评价职工的业绩指标，按此指标将商店职工的业绩分为优秀、良好、中等三类，为增加客观性，经理又设计了若干项测验．现从优秀、良好、中等三类职工中各随机抽取 5 人，表 9.10 给出了他们各项测验的总分．

表 9.10

评价结果	优秀	良好	中等
1	104	68	41
2	87	69	37
3	86	71	44
4	83	65	47
5	86	66	33

（1）假定各类人员的成绩分布都服从正态分布，且假定方差相同，试问三类人员的测验平均分有无显著差异（$\alpha=0.05$）？

（2）在上述假定下，给出优等职工测验平均分的置信水平为 0.95 的置信区间．

4．某粮食加工厂欲试验三种贮藏方法对粮食的含水率有无显著影响．现取一批粮食分成若干份，分别用三种方法贮藏，一段时间后测得的含水率如表 9.11 所示．

表 9.11

贮藏方法	含水率数据				
A_1	7.3	8.3	7.6	8.4	8.3
A_2	5.4	7.4	7.1	—	—
A_3	7.9	9.5	10.0	—	—

（1）假定各种方法下贮藏的粮食的含水率分布都服从正态分布，且假定方差相同，试在显著性水平 $\alpha=0.05$ 下检验这三种方法对粮食的平均含水率有无显著差异；

（2）对每种方法下粮食的平均含水率给出置信水平为 0.95 的置信区间．

5．对习题 3 中三类人员的测验平均分作多重比较（$\alpha=0.05$）．

6．对习题 4 中三种贮藏方法的平均含水率作多重比较（$\alpha=0.05$）．

7．据调查，美国某年不同工种的工人每小时的收入情况如表 9.12 所示．

表 9.12　　单位：美元

工种	每小时收入						
日用品	9.80	10.15	10.00	9.65	9.90	9.85	9.95
非日用品	9.40	9.00	9.15	9.20	9.15	9.30	—
建筑业	11.40	11.40	10.80	11.45	10.80	—	—
零售业	8.60	8.65	8.90	8.80	8.75	8.50	—

假定四种工种的收入服从同方差的正态分布，那么在显著性水平α=0.05下，这四种类型的工种的平均收入有无显著差异？若有显著差异请作多重比较.

四、典型习题参考答案

1．$S_e=28$，$n-r=12$；$S_A=40$，$r-1=2$；$S_T=68$，$n-1=14$.

2．$S_e=20.5$，$\hat{\sigma}^2=2.5625$.

3．（1）有显著性差异；

（2）$\left(89.2\mp 2.179\times 5.98\times\frac{1}{\sqrt{5}}\right)$，$\left(67.8\mp 2.179\times 5.98\times\frac{1}{\sqrt{5}}\right)$，$\left(40.4\mp 2.179\times 5.98\times\frac{1}{\sqrt{5}}\right)$.

4．（1）有显著性差异；

（2）$\left(7.98\mp 2.3\times 2.39\times\frac{1}{\sqrt{5}}\right)$，$\left(6.63\mp 2.3\times 2.39\times\frac{1}{\sqrt{3}}\right)$，$\left(9.13\mp 2.3\times 2.39\times\frac{1}{\sqrt{3}}\right)$.

5．拒绝$\mu_1=\mu_2$的原假设；拒绝$\mu_1=\mu_3$的原假设；拒绝$\mu_2=\mu_3$的原假设.

6．接受$\mu_1=\mu_2$的原假设；接受$\mu_1=\mu_3$的原假设；接受$\mu_2=\mu_3$的原假设.

7．略.

第 10 章　回 归 分 析

一、内容提要

（一）一元线性回归分析

1. 一元线性回归模型

为了讨论简便，假定有两个变量：x 是自变量，y 是因变量，对给定的 x 值，y 的取值事先不能确定，故 y 是随机变量．

一元线性回归模型的具体形式如下：

$$y_i = \beta_0 + \beta_1 x_i + \varepsilon_i，\ i = 1，2，\cdots，n， \tag{10.1}$$

其中，各 ε_i 相互独立，且都服从正态分布 $N(0，\sigma^2)$．

由式（10.1）可知，$y_i \sim N(\beta_0 + \beta_1 x_i，\sigma^2)$，$i = 1，2，\cdots，n$，且 $y_1，y_2，\cdots，y_n$ 相互独立．称

$$E(y) = \beta_0 + \beta_1 x \tag{10.2}$$

为 y 关于 x 的一元线性回归函数，其中 β_0 和 β_1 是未知的，需要利用收集到数据进行估计．若记 $\hat{\beta}_0，\hat{\beta}_1$ 为其估计值，则称

$$\hat{y} = \hat{\beta}_0 + \hat{\beta}_1 x \tag{10.3}$$

为 y 关于 x 的一元线性回归方程．

2. 回归系数的最小二乘估计

估计 $\beta_0，\beta_1$ 的一个直观想法是要求观测值 y_i 与其均值 $\beta_0 + \beta_1 x_i$ 的偏离越小越好，即使如下的偏差平方和 Q 达到最小：

$$Q(\beta_0，\beta_1) = \sum_{i=1}^{n} (y_i - \beta_0 - \beta_1 x_i)^2 . \tag{10.4}$$

即要估计的 $\hat{\beta}_0，\hat{\beta}_1$ 满足 $Q(\hat{\beta}_0，\hat{\beta}_1) = \min\limits_{\beta_0,\beta_1}(\beta_0，\beta_1)$．

为求 $\hat{\beta}_0，\hat{\beta}_1$，首先对 Q 关于 β_0 和 β_1 分别求偏导，并且让偏导数等于零，然后求解方程组，即

$$\begin{cases} \dfrac{\partial Q}{\partial \beta_0} = -2\sum_{i=1}^{n} (y_i - \beta_0 - \beta_1 x_i) = 0, \\ \dfrac{\partial Q}{\partial \beta_1} = -2\sum_{i=1}^{n} (y_i - \beta_0 - \beta_1 x_i) x_i = 0. \end{cases} \tag{10.5}$$

解方程组（10.5），令

$$l_{xx}=\sum_i (x_i-\overline{x})^2\text{，}\quad l_{xy}=\sum_i (x_i-\overline{x})(y_i-\overline{y})\text{，}\tag{10.6}$$

得

$$\begin{cases}\hat{\beta}_1=\dfrac{l_{xy}}{l_{xx}},\\ \hat{\beta}_0=\overline{y}-\hat{\beta}_1\overline{x}.\end{cases}\tag{10.7}$$

3. 最小二乘估计的性质

求得模型的最小二乘估计后，得到回归方程 $\hat{y}=\hat{\beta}_0+\hat{\beta}_1 x$，称 $\hat{y}_i=\hat{\beta}_0+\hat{\beta}_1 x_i$ 为在 $x=x_i$ 处的拟合值，称 $e_i=y_i-\hat{y}_i$ 为残差，$i=1$，2，…，n，称 $S_E=\sum_i (y_i-\hat{y}_i)^2$ 为残差平方和. 它们具有如下性质：

$$\hat{\beta}_1 \sim N\left(\beta_1, \frac{\sigma^2}{l_{xx}}\right).\tag{10.8}$$

$$\hat{\beta}_0 \sim N\left(\beta_0, \left(\frac{1}{n}+\frac{\overline{x}^2}{l_{xx}}\right)\sigma^2\right).\tag{10.9}$$

$$\mathrm{Cov}(\hat{\beta}_0, \hat{\beta}_1)=-\frac{\overline{x}^2}{l_{xx}}\sigma^2.\tag{10.10}$$

最小二乘回归模型关于残差的性质如下：

性质 1 $\dfrac{S_E}{\sigma^2} \sim \chi^2(n-2)$. (10.11)

性质 2 S_E, $\hat{\beta}_1$, $\overline{y}$ 相互独立.

4. 回归方程的显著性检验

为作检验，首先建立假设. 求回归方程的目的就是反映 y 随 x 变化的统计规律. 如果 $\beta_1=0$，由式（10.2）可知，不管 x 如何变化，$E(y)$ 不会随之改变，这种情况下求出的回归方程（10.3）是无意义的. 所以检验回归方程是否有意义问题就转化为检验下列假设是否为真的问题：

$$H_0\text{：}\beta_1=0.\tag{10.12}$$

下面介绍三种常用的检验方法，使用时选择其中一个即可.

（1）F 检验：

这种方法类似于方差分析，也是从观察值的总偏差平方和分解入手.

① 总平方和分解.

总偏差平方和为

$$S_T=\sum_i (y_i-\overline{y})^2\text{；}\tag{10.13}$$

回归平方和为

$$S_R=\sum_i(\hat{y}_i-\bar{y})^2=\hat{\beta}_1^2 l_{xx}.\tag{10.14}$$

由式（10.8）可知，$E(S_R)=\beta_1^2 l_{xx}+\sigma^2$，$S_R$ 的自由度为 $f_R=1$.

剩余平方和为

$$S_E=\sum_i(y_i-\hat{y}_i)^2.\tag{10.15}$$

由式（10.11）可知，$E(S_E)=(n-2)\sigma^2$，S_E 的自由度为 $f_E=n-2$. 从而有如下平方和分解式：

$$S_T=S_E+S_R.\tag{10.16}$$

② 检验统计量与拒绝域. 可采用的检验统计量为

$$F=\frac{S_R}{S_E/(n-2)}.\tag{10.17}$$

取拒绝域 $\{F\geqslant c\}$，给定显著性水平 α，在 $\beta_1=0$ 的假设下，c 应满足

$$P(F\geqslant c)=\alpha.\tag{10.18}$$

③ 临界值的确定.

利用最小二乘估计及残差的性质，最终确定临界值 $c=F_{1-\alpha}(1,\ n-2)$，由此可知式（10.12）的 α 水平的拒绝域为

$$\{F\geqslant F_{1-\alpha}(1,\ n-2)\}.$$

方差分析表如表 10.1 所示.

表 10.1

来源	平方和	自由度	均方	F 比
回归	S_R	$f_R=1$	$MS_R=S_R/f_R$	$F=\dfrac{MS_R}{MS_E}$
残差	S_E	$f_E=n-2$	$MS_E=S_E/f_E$	
总计	S_T	$f_T=n-1$	—	—

其中，

$$S_T=l_{yy}=\sum_i(y_i-\bar{y})^2=\sum_i y_i^2-\frac{1}{n}(\sum_i y_i)^2;$$

$$S_R=\hat{\beta}_1^2 l_{xx}=\hat{\beta}_1 l_{xy}=\frac{l_{xy}^2}{l_{xx}};$$

$$S_E=S_T-S_R.$$

（2）t 检验：

由式（10.8）可知 $\hat{\beta}_1\sim N\left(\beta_1,\ \dfrac{\sigma^2}{l_{xx}}\right)$，假设式（10.12）相当于检验正态分布的均值是否为 0. 在 $\beta_1=0$ 时，$\dfrac{\hat{\beta}_1}{\sigma/\sqrt{l_{xx}}}\sim N(0,\ 1)$，但其中 σ 未知，常用 $\hat{\sigma}^2=S_E/(n-2)$ 去代替，从而当 $\beta_1=0$ 时，

$$t=\frac{\hat{\beta}_1}{\hat{\sigma}/\sqrt{l_{xx}}}=\frac{\dfrac{\hat{\beta}_1}{\sigma/\sqrt{l_{xx}}}}{\sqrt{\dfrac{S_E}{\sigma^2}\Big/(n-2)}}\sim t(n-2). \tag{10.19}$$

给定显著性水平α，则拒绝域为

$$\left\{|t|\geqslant t_{1-\frac{\alpha}{2}}(n-2)\right\}. \tag{10.20}$$

（3）相关系数检验：

数据(x_i, y_i)，$i=1, 2, \cdots, n$的样本相关系数为

$$r=\frac{\sum_i(x_i-\overline{x})(y_i-\overline{y})}{\sqrt{\sum_i(x_i-\overline{x})^2\sum_i(y_i-\overline{y})^2}}=\frac{l_{xy}}{\sqrt{l_{xx}l_{yy}}},$$

其中，r和$\hat{\beta}_1$之间有如下关系：

$$r=\frac{l_{xy}}{\sqrt{l_{xx}l_{yy}}}=\frac{l_{xy}}{l_{xx}}\cdot\sqrt{\frac{l_{xx}}{l_{yy}}}=\hat{\beta}_1\sqrt{\frac{l_{xx}}{l_{yy}}}.$$

因而可取拒绝域形式如下：

$$\{|r|\geqslant c\}. \tag{10.21}$$

给定显著性水平α，当H_0为真时，c应满足$P(|r|\geqslant c)=\alpha$，最后求得临界值$c=r_{1-\frac{\alpha}{2}}(n-2)$，所以检验式（10.12）的拒绝域为

$$\left\{|r|\geqslant r_{1-\frac{\alpha}{2}}(n-2)\right\}. \tag{10.22}$$

5. 利用回归方程作预测

在求得回归方程$\hat{y}=\hat{\beta}_0+\hat{\beta}_1x$，并经检验方程是显著的之后，便可利用回归方程进行预测.

（1）点预测：

所谓点预测是指当$x=x_0$时，对对应y的取值y_0所作的推断，在$x=x_0$时，$\hat{y}_0=\hat{\beta}_0+\hat{\beta}_1x_0$，它就是对$E(y_0)$的估计值.

（2）区间预测：

在$x=x_0$时，随机变量y_0的取值与预测值$\hat{y}_0$总会有一定的偏离，可要求这种绝对偏差$|y_0-\hat{y}_0|$不超过某个δ的概率为$1-\alpha$，其中$0<\alpha<1$，即

$$P(|y_0-\hat{y}_0|\leqslant\delta)=1-\alpha,$$

$$P(\hat{y}_0-\delta\leqslant y_0\leqslant\hat{y}_0+\delta)=1-\alpha,$$

则称$[\hat{y}_0-\delta, \hat{y}_0+\delta]$为$y_0$的预测区间，经计算

$$\delta = t_{1-\frac{\alpha}{2}}(n-2)\hat{\sigma}\sqrt{1+\frac{1}{n}+\frac{(x_0-\overline{x})^2}{l_{xx}}}\ .$$

（二）一元线性回归模型的扩展

1. 可线性化的模型

（1）双曲线函数：$\frac{1}{y}=a+\frac{b}{x}$.

令 $v=\frac{1}{y}$，$u=\frac{1}{x}$，线性化后的曲线为 $v=a+bu$.

（2）幂函数：$y=ax^b$.

令 $v=\ln y$，$u=\ln x$，线性化后的曲线为 $v=a'+bu$（其中 $a'=\ln a$）.

（3）指数函数：$y=a\mathrm{e}^{bx}$.

令 $v=\ln y$，$u=\ln x$，线性化后的曲线为 $v=a'+bx$（其中 $a'=\ln a$）.

（4）指数函数：$y=a\mathrm{e}^{\frac{b}{x}}$.

令 $v=\ln y$，$u=\frac{1}{x}$，线性化后的曲线为 $v=a'+bu$（其中 $a'=\ln a$）.

（5）对数函数：$y=a+b\ln x$.

令 $v=y$，$u=\ln x$，线性化后的曲线为 $v=a+bu$.

（6）S 型曲线：$y=\frac{1}{a+b\mathrm{e}^{-x}}$.

令 $v=\frac{1}{y}$，$u=\mathrm{e}^{-x}$，线性化后的曲线为 $v=a+bu$.

用曲线拟合数据时产生了两个问题：一是回归方程中的参数如何估计；二是几个曲线回归方程如何比较优劣.

2. 参数估计

估计参数的方法之一是“线性化”方法，即通过某种变换将方程化为一元线性回归的形式.

例如，对于回归方程：$y=a+b\frac{1}{x}$，只要令 $u=\frac{1}{x}$，原方程就化为 $y=a+bu$. 从而可以采用一元线性回归方程来描述 y 和 u 之间的统计规律性，继而可利用最小二乘估计求出 a 和 b.

3. 回归曲线的比较

常用的回归曲线的比较准则有相关指数 R^2 和剩余标准差 s 两种.

（1）相关指数 R^2：相关指数类似于一元线性回归方程中的相关系数，定义为

$$R^2 = 1 - \frac{\sum_i (y_i - \hat{y}_i)^2}{\sum_i (y_i - \overline{y})^2}. \tag{10.23}$$

R^2越大表示观测值y_i与拟合值$\hat{y}_i$越靠近，因此R^2大的方程拟合效果较好.

（2）剩余标准差s：剩余标准差类似于一元线性回归方程中σ的估计，定义为

$$s = \sqrt{\frac{\sum_i (y_i - \hat{y}_i)^2}{n-2}}. \tag{10.24}$$

可以将s看作平均残差平方和的算术平方根，因此其值小的方程拟合效果较好.

二、典型例题及其分析

例 10.1　众所周知，营业税税收总额y与社会商品零售总额x有关．为能根据社会商品零售总额取预测税收总额，需要了解两者的关系．现收集了某地相关的9组数据（表10.2）：

表 10.2　　单位：亿元

序号	社会商品零售总额x	营业税税收总额y
1	142.08	3.93
2	177.30	5.96
3	204.68	7.85
4	242.88	9.82
5	316.24	12.50
6	341.99	15.55
7	332.69	15.79
8	389.29	16.39
9	453.40	18.45

对以上数据建立回归模型并对模型进行检验.

【解】我们用一元线性回归模型对数据进行模拟，即建立如下的回归方程：

$$\hat{y} = \hat{\beta}_0 + \hat{\beta}_1 x.$$

（1）模型的估计：

利用最小二乘法得到估计量$\begin{cases} \hat{\beta}_1 = \dfrac{l_{xy}}{l_{xx}} \\ \hat{\beta}_0 = \overline{y} - \hat{\beta}_1 \overline{x} \end{cases}$，利用9组数据得到

$$l_{xx} \approx 85843.4886,\quad l_{xy} \approx 4178.6667,\quad l_{yy} \approx 211.3284.$$

因此

$$\begin{cases} \hat{\beta}_1 = \dfrac{l_{xy}}{l_{xx}} \approx 0.0487, \\ \hat{\beta}_0 = \overline{y} - \hat{\beta}_1 \overline{x} \approx -2.2675. \end{cases}$$

（2）模型的检验：

① F 检验：

检验假设 H_0：$\beta_1=0$，利用 F 检验需要求得各偏差平方和，计算如下：

$$S_T=l_{yy}\approx 211.3284,$$

$$S_R=\hat{\beta}_1 l_{xy}\approx 203.5011,$$

$$S_E=S_T-S_R=7.8273.$$

填入方差分析表（表 10.3）.

表 10.3

来源	平方和	自由度	均方	F 比
回归	203.5011	1	203.5011	181.99
残差	7.8273	7	1.1182	
总计	211.3284	8	—	—

当 $\alpha=0.05$ 时，$F_{0.95}(1,7)=5.59$，故拒绝域为 $\{F\geqslant 5.59\}$，现样本落入拒绝域，故拒绝 $\beta_1=0$ 的假设，即认为回归方程有显著意义.

② t 检验：

若采用 t 检验，则当 $\alpha=0.05$ 时，$t_{0.975}(7)\approx 2.365$，则拒绝域为 $\{|t|\geqslant 2.365\}$．由前面的运算 $\hat{\beta}_1=0.0487$，$l_{xx}\approx 85843.4886$，可计算出 $\hat{\sigma}=\sqrt{1.1182}\approx 1.0574$，则

$$t=\frac{0.0487}{1.0574/\sqrt{85843.4886}}\approx 13.49.$$

由于 $|t|\geqslant 2.365$，故样本落入拒绝域，因此拒绝 $\beta_1=0$ 的假设，即认为回归方程有显著意义.

③ 相关系数检验：

用 r 作检验，当 $\alpha=0.05$ 时，$r_{0.975}(7)=0.6664$，故拒绝域是 $\{|r|\geqslant 0.6664\}$．可求出

$$r=\frac{4178.6667}{\sqrt{85843.4866\times 211.3284}}\approx 0.98.$$

由于 $0.98>0.6664$，故样本落入拒绝域，因此拒绝 $\beta_1=0$ 的假设，即认为回归方程有显著意义.

（3）模型预测：

当社会商品零售总额 $x=300$ 亿元时的营业税的平均税收总额的预测值为

$$\hat{y}_0=-2.2675+0.0487\times 300=12.3425 \text{（亿元）}.$$

当 $\alpha=0.05$ 时，

$$t_{0.975}(7)\approx 2.365,\quad n=9,\quad l_{xx}\approx 85843.4886,\quad \bar{x}=288.95,$$

且 $\hat{\sigma}=\sqrt{\dfrac{S_E}{f_E}}=1.0574$，可计算出

$$\delta = 2.365 \times 1.0574 \times \sqrt{1 + \frac{1}{9} + \frac{(300 - 288.95)^2}{85843.4886}} \approx 2.6377 .$$

所以当 $x = 300$ 亿元时，平均税收总额的概率为 0.95 的预测区间是

$$[12.3425 - 2.6377, 12.3425 + 2.6377] = [9.7048, 14.9802] .$$

例 10.2　为了解百货商店销售额 x 与流通费率（反映商业活动的一个质量指标，指每元商品流转额所分摊的流通费用）y 之间的关系，收集了 9 个商店的有关数据如表 10.4 所示.

表 10.4

i	1	2	3	4	5	6	7	8	9
销售额 x/万元	1.5	4.5	7.5	10.5	13.5	16.5	19.5	22.5	25.5
流通费率 y/%	7.0	4.8	3.6	3.1	2.7	2.5	2.4	2.3	2.2

【解】（1）建立方程：利用 9 组数据绘制散点图，如图 10.1 所示，然后选择适宜的曲线方程.

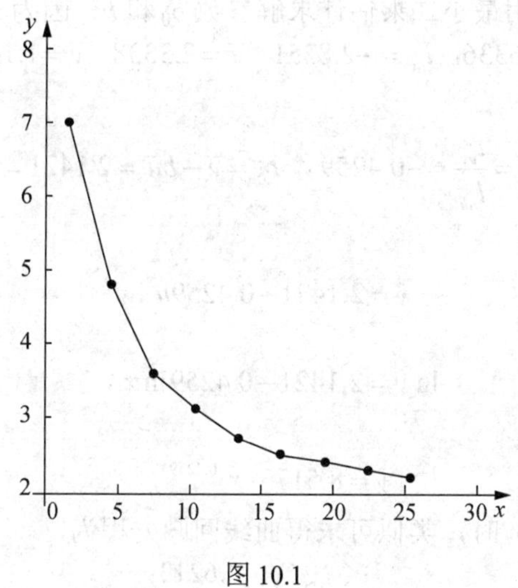

图 10.1

根据散点图，我们可以选用方程

$$y = a + b\frac{1}{x} , \tag{10.25}$$

也可以选用方程

$$y = a \cdot x^b . \tag{10.26}$$

（2）参数估计：在估计参数之前，首先要对模型线性化，如选用模型（10.26）的计算过程如下.

对模型（10.26）两边同时取对数，得

$$\ln y = \ln a + b \ln x .$$

令 $v = \ln y$，$u = \ln x$，则模型（10.26）便可化为

$$v = b_0 + bu , \tag{10.27}$$

这里 $a=\mathrm{e}^{b_0}$.

变换后的数据的拟合值与残差值如表 10.5 所示.

表 10.5

i	x_i	y_i	$u_i=\ln x_i$	$v_i=\ln y_i$	$\hat{y}_i$	$e_i=y_i-\hat{y}_i$
1	1.5	7.0	0.4055	1.9459	7.1665	−0.1665
2	4.5	4.8	1.5041	1.5686	4.4885	0.3115
3	7.5	3.6	2.0149	1.2809	3.6109	−0.0109
4	10.5	3.1	2.3514	1.1314	3.1288	−0.0288
5	13.5	2.7	2.6027	0.9933	2.8112	−0.1112
6	16.5	2.5	2.8034	0.9163	2.5809	−0.0809
7	19.5	2.4	2.9704	0.8755	2.4037	−0.0037
8	22.5	2.3	3.1135	0.8329	2.2616	0.0384
9	25.5	2.2	3.2387	0.7885	2.1442	0.0558

对方程（10.27）利用最小二乘估计求解参数 b_0 和 b. 因为

$$l_{uu}=6.6336,\ l_{uv}=-2.8251,\ \overline{u}=2.3338,\ \overline{y}=1.1481,$$

所以

$$b=\frac{l_{uv}}{l_{uu}}=-0.4259,\quad b_0=\overline{v}-b\overline{u}=2.1421,$$

故

$$\hat{v}=2.1421-0.4259u .$$

用原变量代入，得

$$\ln\hat{y}=2.1421-0.4259\ln x, \tag{10.28}$$

即

$$\hat{y}=8.5173\cdot x^{-0.4259} . \tag{10.29}$$

当选用曲线（10.25）时，类似可求得曲线回归方程为

$$\hat{y}=2.2254+\frac{7.6213}{x} .$$

（3）回归方程的比较：

对回归方程（10.28），计算出 $R^2=0.9925$ ， $s=0.1460$；

对回归方程（10.29），计算出 $R^2=0.9357$ ， $s=0.4285$；

两者比较得方程（10.28）的 R^2 较大 s 较小，故方程（10.28）比方程（10.29）的效果要好.

三、典型习题精练

1. 现收集了 16 组合金钢中的碳含量 x 与相应的强度 y 的数据，已知它们满足一元线性回归的假定，并求得

$$\overline{x}=0.125,\ \overline{y}=45.789,\ l_{xx}\approx 0.3024,\ l_{xy}\approx 25.5218,\ l_{yy}\approx 2432.4566 .$$

（1）建立 y 关于 x 的一元线性回归方程；

（2）对所求得的回归方程作显著性检验（$\alpha=0.05$）；

（3）在 $x_0=0.15$ 时求出相应的强度的预测值及概率为0.95的预测区间.

2．表10.6列出了6个工业发达国家在2017年的失业率 y 与国民经济增长率 x 的数据：

表 10.6

国家	国民经济增长率 x/%	失业率 y/%
美国	2.27	4.44
日本	1.88	2.83
法国	1.82	9.68
德国	2.22	3.74
意大利	1.5	11.34
英国	1.79	4.32

（1）请研究 y 与 x 之间的关系；

（2）建立 y 关于 x 的一元线性回归方程；

（3）对所求得的回归方程作显著性检验，并指明检验时你需要作哪些假定（$\alpha=0.05$）；

（4）若一个工业发达国家的国民经济增长率 $x_0=2\%$，请求其失业率的预测值及其概率为0.95的预测区间.

3．在腐蚀刻线试验中，已知腐蚀深度 y 与腐蚀时间 x 有关，现收集到的数据如表10.7所示.

表 10.7

x/s	5	10	15	20	30	40	50	60	70	90	120
y/μm	6	10	10	13	16	17	19	23	25	29	46

（1）作散点图，能否认为 y 与 x 之间有线性相关关系；

（2）写出 y 关于 x 的一元线性回归模型；

（3）写出 y 关于 x 的一元线性回归方程；

（4）用 F 统计量对回归方程的显著性进行检验（$\alpha=0.05$）；

（5）求 y 与 x 的相关系数；

（6）当腐蚀时间为25s时，求腐蚀深度的概率为0.95的预测区间.

4．由实践经验知，7月份的平均气温是影响第二代棉铃虫历期（完成某一虫期发育所需要的天数）y 的主要因素，现收集了近7年的数据如表10.8所示.

表 10.8

序号	1	2	3	4	5	6	7
x/℃	27.2	25.7	25.3	25.7	29.3	27.2	26.5
y/天	33	40	41	36	33	34	37

从上述数据散点图看出，可用双曲线来建立 y 与 x 的回归方程．使用上述数据求出方程 $\frac{1}{\hat{y}}=a+\frac{b}{x}$，并求出相关指数 R^2 与剩余标准差 s.

5．设回归函数的形式为 $y=\frac{1}{a+be^{-x}}$，请找出一个变换使其化为一元线性回归的形式.

6. 设回归函数的形式为 $y=\frac{x}{a+bx}$，请找出一个变换使其化为一元线性回归的形式.

7．设回归函数的形式为 $y=100+ae^{-\frac{b}{x}}$，请找出一个变换使其化为一元线性回归的形式.

四、典型习题参考答案

1.（1）$\hat{y}=84.39+35.24x$；　（2）回归方程是显著的；　（3）(79.79，99.55).

2.（1）线性关系；　（2）$\hat{y}=22.05-8.36x$；

（3）回归方程显著，检验时要求随机扰动项符合零均值、同方差、无自相关假定、正态性假定；

（4）失业率的预测值为 5.33%；(2.31，8.35).

3.（1）散点图略，有线性关系；　（2）$y=a+bx+u$；　（3）$\hat{y}=5.34+0.3x$；

（4）方程显著；　（5）0.9819；　（6）(7.57，18.33).

4．方程为 $\frac{1}{\hat{y}}=0.0688-\frac{1.0947}{x}$；0.7008；0.00145.

5．$\frac{1}{y}=a+be^{-x}$，$u=a+bv$.

6．$\frac{1}{y}=\frac{a}{x}+b$，$u=b+av$.

7．$y-100=ae^{-\frac{b}{x}}$，$\ln(y-100)=\ln a-\frac{b}{x}$，$u=a'-bv$.

附　　录

附录 1　综合测试题

一、选择题（每题 2 分，共 10 分）

1．设随机变量 $X \sim B(3, p)$，且 $P\{X=1\}=P\{X=2\}$，则 $p=$（　　）.

（A）0.5　　（B）0.6　　（C）0.7　　（D）0.8

2．设随机变量 X，Y 均服从正态分布，且 $X \sim N(\mu, 4^2)$，$Y \sim N(\mu, 5^2)$，记 $p_1=P(X \leqslant \mu-4)$，$p_2=P(Y \geqslant \mu+5)$，则（　　）.

（A）对于任意实数 μ，都有 $p_1=p_2$　　（B）对于任意实数 μ，都有 $p_1<p_2$

（C）对于任意实数 μ，都有 $p_1>p_2$　　（D）只对 μ 的个别值，才有 $p_1=p_2$

3．若随机变量 X 与 Y 相互独立，则下列选项不成立的是（　　）.

（A）X 与 Y 不相关，即相关系数 $\rho_{XY}=0$　　（B）$D(X+Y) = DX+DY$

（C）$E(XY)=EX \cdot EY$　　（D）$D(XY)=DX \cdot DY$

4．设 X_1，X_2，…，X_n 是来自总体 X 的简单随机样本，则 X_1，X_2，…，X_n 必然满足（　　）.

（A）独立不同分布　　（B）同分布但不独立

（C）独立同分布　　（D）不能确定

5．随着样本容量的增加，统计量的值越来越接近总体参数值，这个统计量是总体参数的（　　）.

（A）相合估计量　（B）无偏估计量　（C）有效估计量　（D）准确估计量

二、填空题（每题 2 分，共 20 分）

1．袋中放有 3 个白球，2 个黑球，从中任取 2 个，求取到的 2 个球颜色相同的概率为________.

2．设随机变量 $X \sim B(2, p)$，$Y \sim B(3, p)$，若 $P(X \geqslant 1)=\frac{5}{9}$，则 $P(Y \geqslant 1)=$________.

3．已知随机变量(X, Y)的分布列如附表 1 所示.

附表 1

X \ Y	-1	1	2
-1	$\frac{1}{4}$	$\frac{1}{10}$	$\frac{3}{10}$
2	$\frac{3}{20}$	$\frac{3}{20}$	$\frac{1}{20}$

则 $E(X-Y)=$________.

4．设 X 与 Y 为两个相互独立的随机变量，且 $X \sim N(-3, 1)$，$Y \sim N(2, 1)$，则 $D(X-2Y+7)=$________.

5．设随机变量 $(X, Y) \sim N(\mu_1, \mu_2, \sigma_1^2, \sigma_2^2, \rho)$，则 X 与 Y 相互独立的充要条件是________.

6．对总体未知参数进行矩估计时，使用该方法的前提条件是________.

7. 设有来自正态总体 $N(\mu, 1)$的容量为 16 的简单随机样本，计算得样本均值 $\bar{X}=5$，则未知参数 μ 的显著性为 0.95 的置信区间是________.

8．在假设检验问题中，若犯第一类错误的概率增大，则犯第二类错误的概率就会________.

9. 设 X, Y 是随机变量，且 $X \sim N(0, 1)$，$Y \sim \chi^2(n)$，且 X 与 Y 相互独立，$T=\dfrac{X}{\sqrt{Y/n}} \sim t(n)$，$P(T > t_\alpha(n))=\alpha$，则 $P(T > -t_\alpha(n))=$________.

10．设 $X_1, X_2, \cdots, X_n$ 是来自总体 $X \sim N(\mu, \sigma^2)$ 的一个样本，$\bar{X}$，S^2 是样本均值和样本无偏方差，且 $\bar{X}$和S^2 相互独立，则 $\dfrac{(n-1)S^2}{\sigma^2} \sim$________.

三、简答题（每题 6 分，共 12 分）

1．简述在总体参数的区间估计中，样本容量 n、区间长度 l 与置信度 $1-\alpha$ 三者之间的关系.

2．简述假设检验的基本步骤.

四、计算题（每题 8 分，共 48 分）

1．甲盒中装有 3 个白球 4 个黑球，乙盒中装有 5 个白球 4 个黑球，现从甲盒中任取 1 个球放入乙盒，再从乙盒中任取出 2 个球，已知从乙盒中取出的都是白球，问从甲盒中取出的球是白球的概率.

2．设各零件的质量都是随机变量，他们相互独立同分布，其均值为 0.5kg，标准差为 0.2kg，问 6000 个零件的总质量超过 3010kg 的概率是多少？

3．设随机变量 (X, Y) 服从 G 上的均匀分布，G 由 $x-y=0$，$x+y=2$ 和 $y=0$ 围成，求：

（1）随机变量 (X, Y) 的联合概率密度函数；

（2）随机变量 Y 的边际概率密度函数.

4．设二维随机变量 (X, Y) 服从 $N(0, 1, 1, 4, -0.5)$，求：

（1）$Z=3X^2-2XY+Y^2-3$ 的期望；

（2）$W=3X-Y+5$ 方差.

5．已知 $X_1, X_2, \cdots, X_n$ 是来自总体 X 的一个样本，X 的概率密度为 $f(x)=\begin{cases} \theta x^{\theta-1}, & 0<x<1, \\ 0, & \text{其他,} \end{cases}$ 其中 $\theta>0$，求 θ 的最大似然估计.

6．一种元件，要求其使用寿命不得低于 700h．现从一批这种元件中随机抽取 36

件，测得其平均寿命为 680h．已知该元件的使用寿命服从正态分布，且$\sigma=60$h，试在显著性水平 0.05 下确定这批元件是否合格．

五、证明题（每题 5 分，共 10 分）

1．设随机变量 X 的期望 EX 存在，方差 DX 存在且为正，令$Y=\dfrac{X-EX}{\sqrt{DX}}$，证明：$EY=0$，$DY=1$．

2．设 $X\sim t(n)$，证明：$X^2\sim F(1,\ n)$．

综合测试题参考答案

一、选择题

1．（A）；　2．（A）；　3．（D）；　4．（C）；　5．（A）．

二、填空题

1．0.4；　2．$\dfrac{19}{27}$；　3．$-\dfrac{1}{2}$；　4．5；　5．$\rho=0$；

6．总体矩存在；　7．(4.51，5.49)或$\left(5\pm\dfrac{1}{4}z_{0.975}\right)$；

8．减小；　9．$1-\alpha$；　10．$\chi^2(n-1)$．

三、简答题

1．答：n 不变，l 与$1-\alpha$同向变动；$1-\alpha$不变，n 与 l 反向变动；l 不变，n 与$1-\alpha$同向变动．

2．答：（1）建立假设；（2）构造统计量建立拒绝域形式；（3）给出显著性水平；（4）确定临界值；（5）根据样本作判断．

四、计算题

1．0.75．　2．$1-\Phi(0.645)$．

3．（1）$f(x,y)=\begin{cases}1, & 0<y<1,\ y<x<2-y,\\ 0, & 其他;\end{cases}$　（2）$f_X(x)=\begin{cases}2-2y, & 0<y<1,\\ 0, & 其他.\end{cases}$

4．（1）7；（2）19．　5．$\hat{\theta}=-\dfrac{n}{\sum\limits_{i=1}^{n}\ln x_i}$．　6．不合格．

五、证明题

1．证明：$E(Y)=E\left(\dfrac{X-EX}{\sqrt{DX}}\right)=\dfrac{EX-EX}{\sqrt{DX}}=0$；

$$\mathrm{Var}(Y)=\mathrm{Var}\left(\frac{X-EX}{\sqrt{DX}}\right)=\frac{DX}{DX}=1.$$

2．证明：令 $M\sim N(0,1)$，$N\sim\chi^2(n)$，$X=\dfrac{M}{\sqrt{N/n}}\sim t(n)$，则 $M^2\sim\chi^2(1)$，故 $X^2=\dfrac{M^2}{N/n}\sim F(1,n)$.

附录 2　《概率论与数理统计》历年考研真题精选

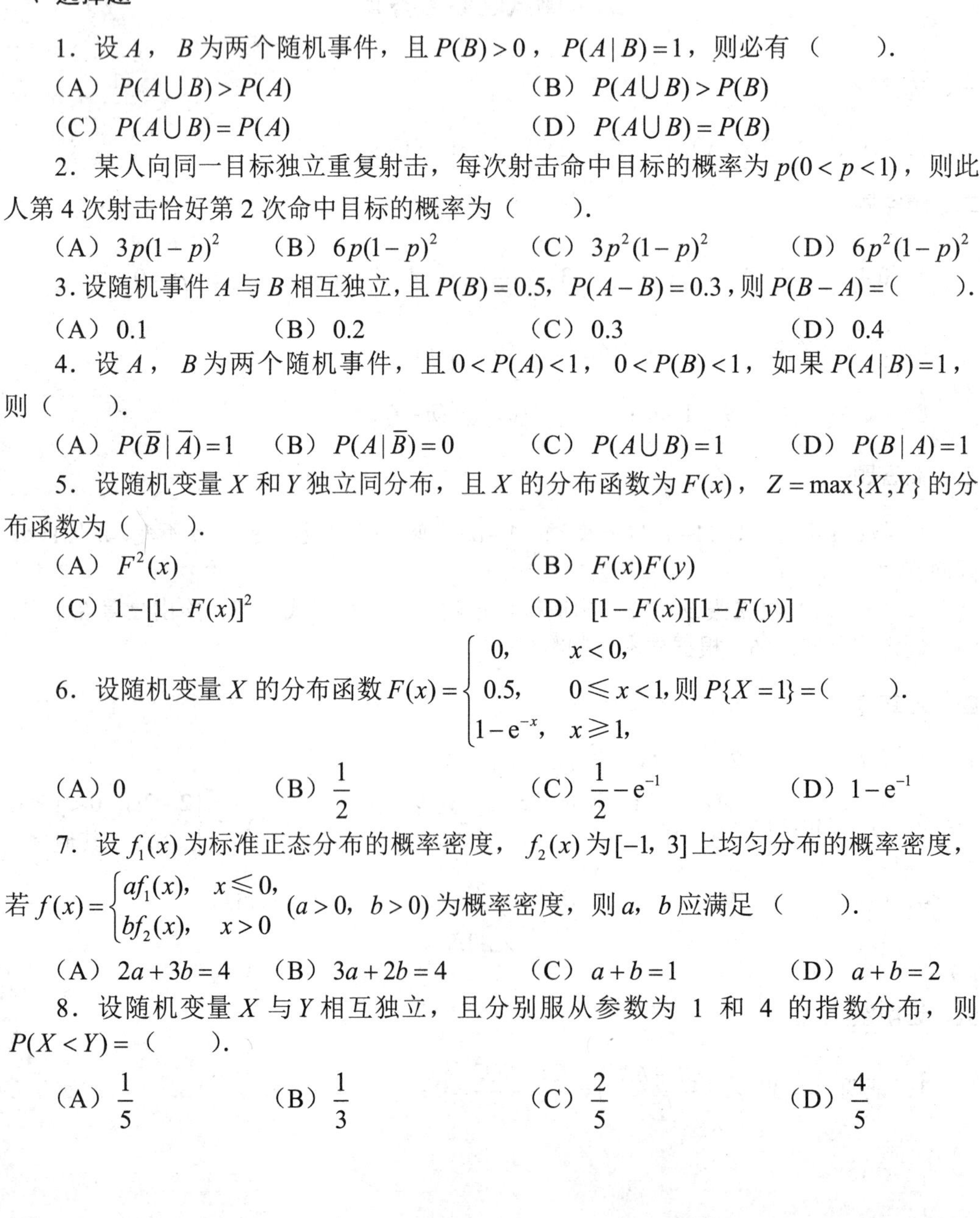

一、选择题

1．设 A，B 为两个随机事件，且 $P(B)>0$，$P(A|B)=1$，则必有（　　）.

（A）$P(A\cup B)>P(A)$　　（B）$P(A\cup B)>P(B)$

（C）$P(A\cup B)=P(A)$　　（D）$P(A\cup B)=P(B)$

2．某人向同一目标独立重复射击，每次射击命中目标的概率为 $p(0<p<1)$，则此人第 4 次射击恰好第 2 次命中目标的概率为（　　）.

（A）$3p(1-p)^2$　（B）$6p(1-p)^2$　（C）$3p^2(1-p)^2$　（D）$6p^2(1-p)^2$

3．设随机事件 A 与 B 相互独立，且 $P(B)=0.5$，$P(A-B)=0.3$，则 $P(B-A)=$（　　）.

（A）0.1　（B）0.2　（C）0.3　（D）0.4

4．设 A，B 为两个随机事件，且 $0<P(A)<1$，$0<P(B)<1$，如果 $P(A|B)=1$，则（　　）.

（A）$P(\bar{B}|\bar{A})=1$　（B）$P(A|\bar{B})=0$　（C）$P(A\cup B)=1$　（D）$P(B|A)=1$

5．设随机变量 X 和 Y 独立同分布，且 X 的分布函数为 $F(x)$，$Z=\max\{X,Y\}$ 的分布函数为（　　）.

（A）$F^2(x)$　　（B）$F(x)F(y)$

（C）$1-[1-F(x)]^2$　　（D）$[1-F(x)][1-F(y)]$

6．设随机变量 X 的分布函数 $F(x)=\begin{cases}0, & x<0,\\ 0.5, & 0\leqslant x<1,\\ 1-\mathrm{e}^{-x}, & x\geqslant 1,\end{cases}$ 则 $P\{X=1\}=$（　　）.

（A）0　（B）$\dfrac{1}{2}$　（C）$\dfrac{1}{2}-\mathrm{e}^{-1}$　（D）$1-\mathrm{e}^{-1}$

7．设 $f_1(x)$ 为标准正态分布的概率密度，$f_2(x)$ 为 $[-1,3]$ 上均匀分布的概率密度，若 $f(x)=\begin{cases}af_1(x), & x\leqslant 0,\\ bf_2(x), & x>0\end{cases}$ $(a>0,b>0)$ 为概率密度，则 a，b 应满足（　　）.

（A）$2a+3b=4$　（B）$3a+2b=4$　（C）$a+b=1$　（D）$a+b=2$

8．设随机变量 X 与 Y 相互独立，且分别服从参数为 1 和 4 的指数分布，则 $P(X<Y)=$（　　）.

（A）$\dfrac{1}{5}$　（B）$\dfrac{1}{3}$　（C）$\dfrac{2}{5}$　（D）$\dfrac{4}{5}$

9．设随机变量 $X \sim N(\mu,\ \sigma^2)(\sigma > 0)$，记 $p = P(X \leqslant \mu + \sigma^2)$，则 p（　　）．

（A）随着 μ 的增加而增加　（B）随着 σ 的增加而增加

（C）随着 μ 的增加而减少　（D）随着 σ 的增加而减少

10．设随机变量 $(X,\ Y)$ 服从二维正态分布，且 X 与 Y 不相关，$f_X(x)$，$f_Y(y)$ 分别表示 X 与 Y 的概率密度，则在 $Y = y$ 的条件下，X 的条件概率密度 $f_{X|Y}(x|y)$ 为（　　）．

（A）$f_X(x)$　（B）$f_Y(y)$　（C）$f_X(x)\,f_Y(y)$　（D）$\dfrac{f_X(x)}{f_Y(y)}$

11．设随机变量 X 的分布函数为 $F(x) = 0.3\Phi(x) + 0.7\Phi\left(\dfrac{x-1}{2}\right)$，其中 $\Phi(x)$ 为标准正态分布的分布函数，则 $EX =$（　　）．

（A）0　（B）0.3　（C）0.7　（D）1

12．将长度为 1m 的木棒随机截成两段，则两段长度的相关系数为（　　）．

（A）1　（B）0.5　（C）−0.5　（D）−1

13．设随机变量 X 与 Y 相互独立，且 $X \sim N(1,\ 2)$，$Y \sim N(1,\ 4)$，则 $D(XY) =$（　　）．

（A）6　（B）8　（C）14　（D）15

14．设随机变量 $X \sim t(n)\,(n > 1)$，$Y = \dfrac{1}{X^2}$，则（　　）．

（A）$Y \sim \chi^2(n)$　（B）$Y \sim \chi^2(n-1)$　（C）$Y \sim F(n,\ 1)$　（D）$Y \sim F(1,\ n)$

15．设 X_1，X_2，X_3 为来自正态总体 $N(0,\ \sigma^2)$ 的简单随机样本，则统计量 $\dfrac{X_1 - X_2}{\sqrt{2}|X_3|}$ 服从的分布为（　　）．

（A）$F(1,\ 1)$　（B）$F(2,\ 1)$　（C）$t(1)$　（D）$t(2)$

二、填空题

1．在区间 $(0,1)$ 中随机取两个数，则这两个数之差的绝对值小于 0.5 的概率为________．

2．设 A，B，C 是随机事件，A 与 C 互不相容，$P(AB) = \dfrac{1}{2}$，$P(C) = \dfrac{1}{3}$，则 $P(AB\,|\,\overline{C}) =$________．

3．设袋中有红、白、黑球各 1 个，从中有放回地取球，每次取 1 个，直到 3 种颜色的球都取到时停止，则取球次数恰好为 4 的概率为________．

4．设随机变量 X 与 Y 相互独立，且均服从区间 $[0,\ 3]$ 上的均匀分布，则 $P(\max\{X,\ Y\} \leqslant 1) =$________．

5．设二维随机变量 $(X,\ Y)$ 服从正态分布 $N(1,\ 0,\ 1,\ 1,\ 0)$，则 $P(XY - Y < 0) =$______．

6．设随机变量 X 的概率分布为 $P\{X = -2\} = \dfrac{1}{2}$，$P\{X = 1\} = a$，$P\{X = 3\} = b$，若 $EX = 0$，则 $DX =$________．

7．设随机变量 X 服从参数为 1 的泊松分布，则 $P(X = EX^2) =$________．

8．设随机变量 X 的概率分布为 $P\{X=k\}=\dfrac{C}{k!}$，$k=0, 1, 2, \cdots$，则 $EX^2=$________.

9．设二维随机变量 (X, Y) 服从 $N(\mu, \mu, \sigma^2, \sigma^2, 0)$，求 $E(XY^2)=$________.

10．设随机变量 X 和 Y 的数学期望都是 2，方差分别为 1 和 4，而 X 和 Y 相关系数为 0.5，则根据切比雪夫不等式有 $P(|X-Y|\geqslant 6)\leqslant$________.

11．设总体 X 服从正态分布 $N(\mu_1, \sigma^2)$，总体 Y 服从正态分布 $N(\mu_2, \sigma^2)$，$X_1, X_2, \cdots, X_{n_1}$ 和 $Y_1, Y_2, \cdots, Y_{n_2}$ 分别是来自总体 X 和 Y 的简单随机样本，则

$$E\left[\frac{\sum_{i=1}^{n_1}(X_i-\overline{X})^2+\sum_{j=1}^{n_2}(Y_j-\overline{Y})^2}{n_1+n_2-2}\right]=\_\_\_\_\_\_\_\_.$$

12．设 $X_1, X_2, \cdots, X_m$ 为来自二项分布总体 $B(n, p)$ 的简单随机样本，$\overline{X}$ 和 S^2 分别为样本均值和样本方差，记统计量 $T=\overline{X}-S^2$，则 $ET=$________.

13．设总体 X 的概率密度为 $f(x; \theta)=\begin{cases}e^{-(x-\theta)}, & x\geqslant\theta\\ 0, & x<\theta\end{cases}$，而 $X_1, X_2, \cdots, X_n$ 是来自总体 X 的简单随机样本，则未知参数 θ 的矩估计量为________.

14．已知一批零件的长度 X（单位：cm）服从正态分布 $N(\mu, 1)$，从中随机抽取 16 个零件，得到长度的平均值为 40cm，则 μ 的置信区间是________（注：标准正态分布函数值 $\Phi(1.96)=0.975$，$\Phi(1.645)=0.95$）.

15．设总体 X 的概率密度为 $f(x)=\dfrac{1}{2}e^{-|x|}$，$X_1, X_2, \cdots, X_n$ 为总体 X 的简单随机样本，其样本方差为 S^2，则 $ES^2=$________.

16．设 $X_1, X_2, \cdots, X_n$ 为来自二项分布总体 $B(n, p)$ 的简单随机样本，$\overline{X}$ 和 S^2 分别为样本均值和样本方差，若 $\overline{X}+kS^2$ 为 np^2 的无偏估计量，则 $k=$________.

三、解答题

1．设二维随机变量 (X, Y) 的概率密度为 $f(x, y)=\begin{cases}2-x-y, & 0<x, y<1\\ 0, & 其他\end{cases}$，求：

（1）求 $P(X>2Y)$；

（2）求 $Z=X+Y$ 的概率密度 $f_Z(z)$.

2．设随机变量 X 与 Y 相互独立，X 的概率分布 $P\{X=i\}=\dfrac{1}{3}(i=-1, 0, 1)$，$Y$ 的概率密度为 $f(y)=\begin{cases}1, & 0\leqslant y\leqslant 1,\\ 0, & 其他,\end{cases}$ 记 $Z=X+Y$，求：

（1）$P\left(Z\leqslant\dfrac{1}{2}\middle|X=0\right)$；

（2）Z 的概率密度 $f_Z(z)$.

3．设二维随机变量 (X, Y) 的概率密度为 $f(x, y)=Ae^{-2x^2+2xy-y^2}$，求常数 A 及条件

概率密度 $f_{Y|X}(y|x)$.

4．设随机变量 X 的概率分布为 $P\{X=1\}=P\{X=2\}=\dfrac{1}{2}$，在给定 $X=i$ 的条件下，随机变量 Y 服从均匀分布 $U(0,\ i)$，$i=1,\ 2$．求：

（1）Y 的分布函数 $F_Y(y)$；

（2）EY .

5．设二维离散型随机变量 $(X,\ Y)$ 的概率分布如附表 2 所示．求：

（1）$P\{X=2Y\}$；　　（2）$\mathrm{Cov}(X-Y,\ Y)$.

附表 2

X \ Y	0	1	2
0	$\frac{1}{4}$	0	$\frac{1}{4}$
1	0	$\frac{1}{3}$	0
2	$\frac{1}{12}$	0	$\frac{1}{12}$

6. 已知随机变量 X 与 Y 相互独立，且服从参数为 1 的指数分布，记 $U=\max\{X,\ Y\}$，$V=\min\{X,\ Y\}$.

（1）求 V 的概率密度 $f_V(v)$；

（2）求 $E(U+V)$.

7．一生产线生产的产品成箱包装，每箱的质量是随机的，假设每箱的平均质量为 50kg，标准差为 5kg，若用最大载重量为 5t 的汽车承运，试利用中心极限定理说明每辆汽车最多可以装多少箱，才能保障不超载的概率大于 0.977（$\varPhi(2)=0.977$，其中 $\varPhi(x)$ 是标准正态分布函数）.

8．设总体 $X \sim N(\mu,\ \sigma^2)(\sigma>0)$，从该总体中抽取简单随机样本 $X_1,\ X_2,\ \cdots,\ X_{2n}(n \geqslant 2)$，其样本均值 $\bar{X}=\dfrac{1}{2n}\sum_{i=1}^{2n}X_i$，求统计量 $Y=\sum_{i=1}^{n}(X_i+X_{n+i}-2\bar{X})^2$ 的数学期望 EY .

9．设 $X_1,\ X_2,\ \cdots,\ X_n(n>2)$ 为来自总体 $N(0,\ \sigma^2)$ 的简单随机样本，其样本均值为 $\bar{X}$，记 $Y_i=X_i-\bar{X}$，$i=1,\ 2,\ \cdots,\ n$.

（1）求 Y_i 的方差 DY_i，$i=1,\ 2,\ \cdots,\ n$；

（2）求 Y_1 与 Y_n 的协方差 $\mathrm{Cov}(Y_1,\ Y_n)$；

（3）若 $E[c(Y_1+Y_n)^2]=\sigma^2$，求常数 c.

10．设 0.50，1.25，0.80，2.00 是来自总体 X 的简单随机样本值，已知 $Y=\ln X$ 服从正态分布 $N(\mu,\ 1)$.

（1）求 X 的数学期望 EX（记 EX 为 b）；

（2）求 μ 的置信水平为 0.95 的置信区间；

（3）利用上述结果求 b 的置信水平为 0.95 的置信区间.

11．设总体 X 的概率密度为 $f(x;\ \theta)=\begin{cases}2e^{-2(x-\theta)}, & x>\theta,\\ 0, & x\leqslant\theta,\end{cases}$ 其中 $\theta>0$ 是未知参数，从总体 X 中抽取简单随机样本 $X_1,\ X_2,\ \cdots,\ X_n$，记 $\hat{\theta}=\min\{X_1,\ X_2,\ \cdots,\ X_n\}$．

（1）求总体 X 的分布函数 $F(x)$；

（2）求统计量 $\hat{\theta}$ 的分布函数 $F_{\hat{\theta}}(x)$；

（3）如果将 $\hat{\theta}$ 作为 θ 的估计量，讨论它是否具有无偏性．

12．设总体 X 的概率密度为 $f(x)=\begin{cases}\lambda^2xe^{-\lambda x}, & x>0,\\ 0, & x\leqslant 0,\end{cases}$ 其中参数 $\lambda(\lambda>0)$ 未知，$X_1,\ X_2,\ \cdots,\ X_n$ 是来自总体 X 的简单随机样本．

（1）求参数 λ 的矩估计量；

（2）求参数 λ 的最大似然估计量．

13．设 $X_1,\ X_2,\ \cdots,\ X_n$ 为来自总体 $N(\mu_0,\ \sigma^2)$ 的简单随机样本，其中 μ_0 已知，$\sigma^2>0$ 未知，$\overline{X}$ 和 S^2 分别表示样本均值和样本方差．

（1）求参数 σ^2 的最大似然估计 $\hat{\sigma}^2$；

（2）计算 $E(\sigma^2)$ 和 $D(\sigma^2)$．

14．设总体 X 的概率密度为 $f(x;\ \theta)=\begin{cases}\dfrac{3x^2}{\theta^3}, & 0<x<\theta,\\ 0, & 其他,\end{cases}$ 其中，θ 是未知参数，$X_1,\ X_2,\ X_3$ 为来自总体 X 的简单随机样本，令 $T=\max\{X_1,\ X_2,\ X_3\}$．求：

（1）T 的概率密度；

（2）确定 a，使 $E(aT)=\theta$．

《概率论与数理统计》历年考研真题参考答案

一、选择题

1．（C）；　2．（C）；　3．（B）；　4．（D）；　5．（A）；
6．（C）；　7．（A）；　8．（A）；　9．（B）；　10．（A）；
11．（C）；　12．（D）；　13．（C）；　14．（C）；　15．（C）．

二、填空题

1．$\frac{3}{4}$；　2．$\frac{3}{4}$；　3．$\frac{2}{9}$；　4．$\frac{1}{9}$；
5．$\frac{1}{2}$；　6．$\frac{9}{2}$；　7．$0.5e^{-1}$；　8．2；
9．$\mu(\mu^2+\sigma^2)$；　10．$\frac{1}{12}$；　11．σ^2；　12．np^2；
13．$\overline{X}-1$；　14．$(39.51,\ 40.49)$；　15．2；　16．-1．

三、解答题

1．（1）$\frac{7}{24}$；　（2）$f_Z(z)=\begin{cases}2z-z^2, & 0\leqslant z<1,\\(2-z)^2, & 1\leqslant z<2,\\0, & \text{其他}.\end{cases}$

2．（1）$\frac{1}{2}$；　（2）$f_Z(z)=\begin{cases}\frac{1}{3}, & -1\leqslant z<2,\\0, & \text{其他}.\end{cases}$

3．$A=\frac{1}{\pi}$；$f_{Y|X}(y\,|\,x)=\frac{f(x,\ y)}{f_X(x)}=\frac{1}{\sqrt{\pi}}\mathrm{e}^{-(x-y)^2}$．

4．（1）$F_Y(y)=\begin{cases}0, & y<0,\\\frac{3y}{4}, & 0\leqslant y<1,\\\frac{1}{2}+\frac{y}{4}, & 1\leqslant y<2,\\1, & y\geqslant 2;\end{cases}$　（2）$\frac{3}{4}$．

5．（1）$\frac{1}{4}$；　（2）$-\frac{2}{3}$．

6．（1）$f_V(v)=F_V'(v)=\begin{cases}0, & v\leqslant 0,\\2\mathrm{e}^{-2v}, & v>0;\end{cases}$　（2）2.

7．98.

8．$2(n-1)\sigma^2$．

9．（1）$\frac{n-1}{n}\sigma^2$；　（2）$-\frac{1}{n}\sigma^2$；　（3）$c=\frac{n}{2n-4}$．

10．（1）$\mathrm{e}^{\mu+\frac{1}{2}}$；　（2）$[-0.98,\ 0.98]$；　（3）$[\mathrm{e}^{-0.48},\ \mathrm{e}^{1.48}]$．

11．（1）$F(x)=P(X\leqslant x)=\begin{cases}0, & x\leqslant\theta,\\1-\mathrm{e}^{-2(x-\theta)}, & x>\theta;\end{cases}$

（2）$F_{\hat{\theta}}(x)=\begin{cases}0, & x\leqslant 0,\\1-\mathrm{e}^{-2n(x-\theta)}, & x>\theta;\end{cases}$

（3）$\hat{\theta}$不是θ的无偏估计量.

12．（1）$\hat{\lambda}=\frac{2}{\overline{X}}$；　（2）$\hat{\lambda}=\frac{2n}{\sum\limits_{i=1}^{n}x_i}=\frac{2}{\overline{X}}$．

13．（1）$\hat{\sigma}^2=\frac{1}{n}\sum\limits_{i=1}^{n}(X_i-\mu_0)^2$；　（2）$E(\hat{\sigma}^2)=\sigma^2$，$D(\hat{\sigma}^2)=\frac{2\sigma^4}{n}$．

14．（1）$f_T(t;\ \theta)=\begin{cases}\frac{9x^8}{\theta^9}, & 0<t<\theta,\\0, & \text{其他};\end{cases}$　（2）$a=\frac{10}{9}$．

附录 3　统计用表

附表 3　标准正态分布函数表

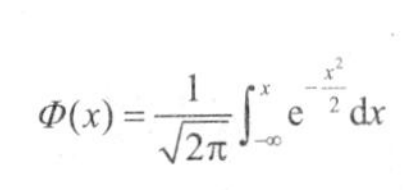

$$\Phi(x)=\frac{1}{\sqrt{2\pi}}\int_{-\infty}^{x}e^{-\frac{x^2}{2}}dx$$

x	0.00	0.01	0.02	0.03	0.04	0.05	0.06	0.07	0.08	0.09
0.0	0.5000	0.5040	0.5080	0.5120	0.5160	0.5199	0.5239	0.5279	0.5319	0.5359
0.1	0.5398	0.5438	0.5478	0.5517	0.5557	0.5596	0.5636	0.5675	0.5714	0.5753
0.2	0.5793	0.5832	0.5871	0.5910	0.5948	0.5987	0.6026	0.6064	0.6103	0.6141
0.3	0.6179	0.6217	0.6255	0.6293	0.6331	0.6368	0.6406	0.6443	0.6480	0.6517
0.4	0.6554	0.6591	0.6628	0.6664	0.6700	0.6736	0.6772	0.6808	0.6844	0.6879
0.5	0.6915	0.6950	0.6985	0.7019	0.7054	0.7088	0.7123	0.7157	0.7190	0.7224
0.6	0.7257	0.7291	0.7324	0.7357	0.7389	0.7422	0.7454	0.7486	0.7517	0.7549
0.7	0.7580	0.7611	0.7642	0.7673	0.7704	0.7734	0.7764	0.7794	0.7823	0.7852
0.8	0.7881	0.7910	0.7939	0.7967	0.7995	0.8023	0.8051	0.8079	0.8106	0.8133
0.9	0.8159	0.8186	0.8212	0.8238	0.8264	0.8289	0.8315	0.8340	0.8365	0.8389
1.0	0.8413	0.8438	0.8461	0.8485	0.8508	0.8531	0.8554	0.8577	0.8599	0.8621
1.1	0.8643	0.8665	0.8686	0.8708	0.8729	0.8749	0.8770	0.8790	0.8810	0.8830
1.2	0.8849	0.8869	0.8888	0.8907	0.8925	0.8944	0.8962	0.8980	0.8997	0.9015
1.3	0.9032	0.9049	0.9066	0.9082	0.9099	0.9115	0.9131	0.9147	0.9162	0.9177
1.4	0.9192	0.9207	0.9222	0.9236	0.9251	0.9265	0.9279	0.9292	0.9306	0.9319
1.5	0.9332	0.9345	0.9357	0.9370	0.9382	0.9394	0.9406	0.9418	0.9429	0.9441
1.6	0.9452	0.9463	0.9474	0.9484	0.9495	0.9505	0.9515	0.9525	0.9535	0.9545
1.7	0.9554	0.9564	0.9573	0.9582	0.9591	0.9599	0.9608	0.9616	0.9625	0.9633
1.8	0.9641	0.9649	0.9656	0.9664	0.9671	0.9678	0.9686	0.9693	0.9700	0.9706
1.9	0.9713	0.9719	0.9726	0.9732	0.9738	0.9744	0.9750	0.9756	0.9761	0.9767
2.0	0.9772	0.9778	0.9783	0.9788	0.9793	0.9798	0.9803	0.9808	0.9812	0.9817
2.1	0.9821	0.9826	0.9830	0.9834	0.9838	0.9842	0.9846	0.9850	0.9854	0.9857
2.2	0.9861	0.9864	0.9868	0.9871	0.9875	0.9878	0.9881	0.9884	0.9887	0.9890
2.3	0.9893	0.9896	0.9898	0.9901	0.9904	0.9906	0.9909	0.9911	0.9913	0.9916
2.4	0.9918	0.9920	0.9922	0.9925	0.9927	0.9929	0.9931	0.9932	0.9934	0.9936
2.5	0.9938	0.9940	0.9941	0.9943	0.9945	0.9946	0.9948	0.9949	0.9951	0.9952
2.6	0.9953	0.9955	0.9956	0.9957	0.9959	0.9960	0.9961	0.9962	0.9963	0.9964
2.7	0.9965	0.9966	0.9967	0.9968	0.9969	0.9970	0.9971	0.9972	0.9973	0.9974
2.8	0.9974	0.9975	0.9976	0.9977	0.9977	0.9978	0.9979	0.9979	0.9980	0.9981
2.9	0.9981	0.9982	0.9983	0.9983	0.9984	0.9984	0.9985	0.9985	0.9986	0.9986
x	0.0	0.1	0.2	0.3	0.4	0.5	0.6	0.7	0.8	0.9
3.0	$0.9^{2}8650$	$0.9^{3}0324$	$0.9^{3}3129$	$0.9^{3}5166$	$0.9^{3}6631$	$0.9^{3}7674$	$0.9^{3}8409$	$0.9^{3}8922$	$0.9^{4}2765$	$0.9^{4}5190$
4.0	$0.9^{4}6833$	$0.9^{4}7934$	$0.9^{4}8665$	$0.9^{5}1460$	$0.9^{5}4587$	$0.9^{5}6602$	$0.9^{5}7887$	$0.9^{5}8699$	$0.9^{6}2067$	$0.9^{6}5208$
5.0	$0.9^{6}7133$	$0.9^{6}8302$	$0.9^{7}0036$	$0.9^{7}4210$	$0.9^{7}6668$	$0.9^{7}8101$	$0.9^{7}8928$	$0.9^{5}4010$	$0.9^{8}6684$	$0.9^{8}8192$
6.0	$0.9^{9}0136$									

注：表中 $0.9^{4}6833=0.99996833$，其他类推.

附表 4　标准正态分布密度函数的数值表

$$\varphi(x)=\frac{1}{\sqrt{2\pi}}\mathrm{e}^{-\frac{x^2}{2}}$$

x	0.00	0.01	0.02	0.03	0.04	0.05	0.06	0.07	0.08	0.09
0.0	0.3989	0.3989	0.3989	0.3988	0.3986	0.3984	0.3982	0.3980	0.3977	0.3973
0.1	0.3970	0.3965	0.3961	0.3956	0.3951	0.3945	0.3939	0.3932	0.3925	0.3918
0.2	0.3910	0.3902	0.3894	0.3885	0.3876	0.3867	0.3857	0.3847	0.3836	0.3825
0.3	0.3814	0.3802	0.3790	0.3778	0.3765	0.3752	0.3739	0.3725	0.3712	0.3797
0.4	0.3683	0.3668	0.3653	0.3637	0.3621	0.3605	0.3589	0.3572	0.3555	0.3538
0.5	0.3521	0.3503	0.3485	0.3467	0.3448	0.3429	0.3410	0.3391	0.3372	0.3352
0.6	0.3332	0.3312	0.3292	0.3271	0.3251	0.3230	0.3209	0.3187	0.3166	0.3144
0.7	0.3123	0.3101	0.3079	0.3056	0.3034	0.3011	0.2989	0.2966	0.2943	0.2920
0.8	0.2897	0.2874	0.2850	0.2827	0.2803	0.2780	0.2756	0.2732	0.2709	0.2685
0.9	0.2661	0.2637	0.2613	0.2589	0.2565	0.2541	0.2516	0.2492	0.2468	0.2444
1.0	0.2420	0.2396	0.2371	0.2347	0.2323	0.2299	0.2275	0.2251	0.2227	0.2203
1.1	0.2179	0.2155	0.2131	0.2107	0.2083	0.2056	0.2036	0.2012	0.1989	0.1965
1.2	0.1942	0.1919	0.1895	0.1872	0.1849	0.1826	0.1804	0.1781	0.1758	0.1736
1.3	0.1714	0.1691	0.1669	0.1647	0.1626	0.1604	0.1582	0.1561	0.1539	0.1518
1.4	0.1497	0.1476	0.1456	0.1435	0.1415	0.1394	0.1374	0.1354	0.1335	0.1315
1.5	0.1295	0.1276	0.1257	0.1238	0.1219	0.1200	0.1182	0.1163	0.1145	0.1127
1.6	0.1109	0.1092	0.1074	0.1057	0.1040	0.1023	0.1006	0.09893	0.09728	0.09566
1.7	0.09405	0.09246	0.0989	0.08933	0.08780	0.08628	0.0878	0.08329	0.08183	0.08038
1.8	0.07895	0.07754	0.07614	0.07477	0.07341	0.07206	0.07074	0.06943	0.06814	0.06687
1.9	0.06562	0.06438	0.06316	0.06195	0.06077	0.05959	0.05844	0.05730	0.05618	0.05508
2.0	0.05399	0.05292	0.05186	0.05082	0.04980	0.04879	0.04780	0.04682	0.04586	0.04491
2.1	0.04398	0.04307	0.04217	0.04128	0.04041	0.03959	0.03871	0.03788	0.03706	0.03626
2.2	0.03547	0.03470	0.03394	0.03319	0.03246	0.03174	0.03103	0.03034	0.02965	0.02898
2.3	0.02833	0.02768	0.02705	0.02643	0.02582	0.02522	0.02463	0.02406	0.02349	0.02294
2.4	0.02239	0.02186	0.02134	0.02083	0.02033	0.01984	0.01936	0.01888	0.01842	0.01797
2.5	0.01753	0.01709	0.01667	0.01625	$0.0^{2}1585$	0.01545	0.01506	0.01468	0.01431	0.01394
2.6	0.01358	0.01323	0.01287	0.01256	$0.0^{2}1223$	0.01191	0.01160	0.01130	0.01100	0.01071
2.7	0.01042	0.01014	$0.0^{2}9871$	$0.0^{2}9606$	$0.0^{2}9347$	$0.0^{2}9094$	$0.0^{2}8846$	$0.0^{2}8605$	$0.0^{2}8370$	$0.0^{2}8140$
2.8	$0.0^{2}7915$	$0.0^{2}7697$	$0.0^{2}7483$	$0.0^{2}7274$	$0.0^{2}7071$	$0.0^{2}6873$	$0.0^{2}6679$	$0.0^{2}6491$	$0.0^{2}6307$	$0.0^{2}6127$
2.9	$0.0^{2}5953$	$0.0^{2}5782$	$0.0^{2}5616$	$0.0^{2}5454$	$0.0^{2}5296$	$0.0^{2}5143$	$0.0^{2}4993$	$0.0^{2}4847$	$0.0^{2}4705$	$0.0^{2}4567$
3.0	$0.0^{2}4432$	$0.0^{2}4301$	$0.0^{2}4173$	$0.0^{2}4049$	$0.0^{2}3928$	$0.0^{2}3810$	$0.0^{2}3695$	$0.0^{2}3584$	$0.0^{2}3475$	$0.0^{2}3370$
3.1	$0.0^{2}3267$	$0.0^{2}3167$	$0.0^{2}3070$	$0.0^{2}2975$	$0.0^{2}2884$	$0.0^{2}2794$	$0.0^{2}2707$	$0.0^{2}2623$	$0.0^{2}2541$	$0.0^{2}2461$
3.2	$0.0^{2}2384$	$0.0^{2}2309$	$0.0^{2}2236$	$0.0^{2}2165$	$0.0^{2}2096$	$0.0^{2}2029$	$0.0^{2}1964$	$0.0^{2}1901$	$0.0^{2}1840$	$0.0^{2}1780$
3.3	$0.0^{2}1723$	$0.0^{2}1667$	$0.0^{2}1612$	$0.0^{2}1560$	$0.0^{2}1508$	$0.0^{2}1459$	$0.0^{2}1411$	$0.0^{2}1364$	$0.0^{2}1319$	$0.0^{2}1275$
3.4	$0.0^{2}1232$	$0.0^{2}1191$	$0.0^{2}1151$	$0.0^{2}1112$	$0.0^{2}1075$	$0.0^{2}1033$	$0.0^{2}1003$	$0.0^{3}9689$	$0.0^{3}9358$	$0.0^{3}9037$
3.5	$0.0^{3}8727$	$0.0^{3}8426$	$0.0^{3}8135$	$0.0^{3}7853$	$0.0^{3}7581$	$0.0^{3}7317$	$0.0^{3}7061$	$0.0^{3}6814$	$0.0^{3}6575$	$0.0^{3}6343$
3.6	$0.0^{3}6119$	$0.0^{3}5902$	$0.0^{3}5693$	$0.0^{3}5490$	$0.0^{3}5294$	$0.0^{3}5105$	$0.0^{3}4921$	$0.0^{3}4744$	$0.0^{3}4573$	$0.0^{3}4408$
3.7	$0.0^{3}4248$	$0.0^{3}4093$	$0.0^{3}3944$	$0.0^{3}3800$	$0.0^{3}3661$	$0.0^{3}3526$	$0.0^{3}3396$	$0.0^{3}3271$	$0.0^{3}3149$	$0.0^{3}3032$
3.8	$0.0^{3}2919$	$0.0^{3}2810$	$0.0^{3}2705$	$0.0^{3}2604$	$0.0^{3}2506$	$0.0^{3}2411$	$0.0^{3}2320$	$0.0^{3}2232$	$0.0^{3}2147$	$0.0^{3}2065$
3.9	$0.0^{3}1987$	$0.0^{3}1910$	$0.0^{3}1837$	$0.0^{3}1766$	$0.0^{3}1693$	$0.0^{3}1633$	$0.0^{3}1569$	$0.0^{3}1508$	$0.0^{3}1449$	$0.0^{3}1393$
4.0	$0.0^{3}1333$	$0.0^{3}1286$	$0.0^{3}1235$	$0.0^{3}1186$	$0.0^{3}1140$	$0.0^{3}1094$	$0.0^{3}1051$	$0.0^{3}1009$	$0.0^{4}9687$	$0.0^{4}9299$
4.1	$0.0^{4}8926$	$0.0^{4}8567$	$0.0^{4}8222$	$0.0^{4}7890$	$0.0^{4}7570$	$0.0^{4}7263$	$0.0^{4}6967$	$0.0^{4}6683$	$0.0^{4}6410$	$0.0^{4}6147$
4.2	$0.0^{4}5894$	$0.0^{4}5652$	$0.0^{4}5418$	$0.0^{4}5194$	$0.0^{4}4979$	$0.0^{4}4772$	$0.0^{4}4573$	$0.0^{4}4382$	$0.0^{4}4199$	$0.0^{4}4023$
4.3	$0.0^{4}3854$	$0.0^{4}3691$	$0.0^{4}3535$	$0.0^{4}3386$	$0.0^{4}3242$	$0.0^{4}3104$	$0.0^{4}2972$	$0.0^{4}2845$	$0.0^{4}2723$	$0.0^{4}2606$
4.4	$0.0^{4}2494$	$0.0^{4}2387$	$0.0^{4}2284$	$0.0^{4}2185$	$0.0^{4}2909$	$0.0^{4}1999$	$0.0^{4}1912$	$0.0^{4}1829$	$0.0^{4}1749$	$0.0^{4}1672$
4.5	$0.0^{4}1593$	$0.0^{4}1528$	$0.0^{4}1461$	$0.0^{4}1396$	$0.0^{4}1334$	$0.0^{4}1275$	$0.0^{4}1218$	$0.0^{4}1164$	$0.0^{4}1112$	$0.0^{4}1062$
4.6	$0.0^{4}1014$	$0.0^{5}9684$	$0.0^{5}9248$	$0.0^{5}8830$	$0.0^{5}8430$	$0.0^{5}8047$	$0.0^{5}7681$	$0.0^{5}7331$	$0.0^{5}6996$	$0.0^{5}6676$
4.7	$0.0^{5}6370$	$0.0^{5}6077$	$0.0^{5}5797$	$0.0^{5}5530$	$0.0^{5}5274$	$0.0^{5}5030$	$0.0^{5}4796$	$0.0^{5}4573$	$0.0^{5}4360$	$0.0^{5}4156$
4.8	$0.0^{5}3961$	$0.0^{5}3775$	$0.0^{5}3593$	$0.0^{5}3428$	$0.0^{5}3267$	$0.0^{5}3112$	$0.0^{5}2965$	$0.0^{5}2824$	$0.0^{5}2690$	$0.0^{5}2561$
4.9	$0.0^{5}2439$	$0.0^{5}2322$	$0.0^{5}2211$	$0.0^{5}2105$	$0.0^{5}2003$	$0.0^{5}1907$	$0.0^{5}1814$	$0.0^{5}1727$	$0.0^{5}1643$	$0.0^{5}1563$

附表 5　t 分布分位数 $t_{1-\alpha}(n)$ 表

$$P(t(n)>t_{1-\alpha}(n))=\alpha$$

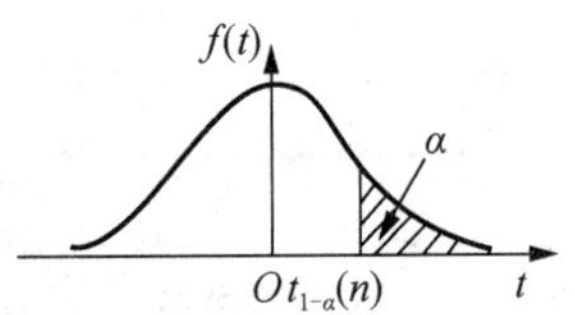

n	α						n	α					
	0.25	0.10	0.05	0.025	0.01	0.005		0.25	0.10	0.05	0.025	0.01	0.005
1	1.0000	3.0777	6.3138	12.7062	31.8207	63.6574	26	0.6840	1.3150	1.7056	2.0555	2.4786	2.7787
2	0.8165	1.8866	2.9200	4.3027	6.9646	9. 9248	27	0.6837	1.3137	1.7033	2.0518	2.4727	2.7707
3	0.7649	1.6377	2.3534	3.1824	4.5407	5.8409	28	0.6834	1.3125	1.7011	2.0484	2.4671	2.7633
4	0.7407	1.5332	2.1318	2.7764	3.7469	4.6041	29	0.6830	1.3114	1.6991	2.0452	2.4620	2.7564
5	0.7267	1.4759	2.0150	2.5706	3.3649	4.0322	30	0.6828	1.3104	1.6973	2.0423	2.4573	2.7500
6	0.7176	1.4398	1.9432	2.4469	3.1427	3.7074	31	0.6825	1.3095	1.6955	2.0395	2.4528	2.7440
7	0.7111	1.4149	1.8946	2.3646	2.9980	3.4995	32	0.6822	1.3086	1.6939	2.0369	2.4487	2.7385
8	0.7064	1.3968	1.8595	2.3060	2.8965	3.3554	33	0.6820	1.3077	1.6924	2.0345	2.4448	2.7333
9	0.7027	1.3830	1.8331	2.2622	2.8214	3.2498	34	0.6818	1.3070	1.6909	2.0322	2.4411	2.7284
10	0.6998	1.3722	1.8125	2.2281	2.7638	3.1698	35	0.6818	1.3062	1.6896	2.0301	2.4377	2.7238
11	0.6974	1.3634	1.7959	2.2010	2.7181	3.1058	36	0.6814	1.3055	1.6883	2.0281	2.4345	2.7195
12	0.6955	1.3562	1.7823	2.1788	2.6810	3.0545	37	0.6812	1.3049	1.6871	2.0262	2.4314	2.7154
13	0.6938	1.3502	1.7709	2.1604	2.6503	3.0123	38	0.6810	1.3042	1.6860	2.0244	2.4286	2.7116
14	0.6924	1.3450	1.7613	2.1448	2.6245	2.9768	39	0.6808	1.3036	1.6849	2.0227	2.4258	2.7079
15	0.6912	1.3406	1.7531	2.1315	2.6025	2.9467	40	0.6807	1.3031	1.6839	2.0211	2.4233	2.7045
16	0.6901	1.3368	1.7459	2.1199	2.5835	2.9208	41	0.6805	1.3025	1.6829	2.0195	2.4208	2.7012
17	0.6892	1.3334	1.7396	2.1098	2.5669	2.8982	42	0.6804	1.3020	1.6820	2.0181	2.4185	2.6981
18	0.6884	1.3304	1.7341	2.1009	2.5524	2.8784	43	0.6802	1.3016	1.6811	2.0167	2.4163	2.6951
19	0.6876	1.3277	1.7291	2.0930	2.5395	2.8609	44	0.6801	1.3011	1.6802	2.0154	2.4141	2.6923
20	0.6870	1.3253	1.7247	2.0360	2.5280	2.8453	45	0.6800	1.3006	1.6794	2.0141	2.4121	2.6896
21	0.6864	1.3232	1.7207	2.0796	2.5177	2.8314							
22	0.6858	1.3212	1.7171	2.0739	2.5083	2.8188							
23	0.6853	1.3195	1.7139	2.0687	2.4999	2.8073							
24	0.6848	1.3178	1.7109	2.0639	2.4922	2.7969							
25	0.6844	1.3163	1.7081	2.0595	2.4851	2.7874							

附表 6　χ^2 分布的 α 分位数表

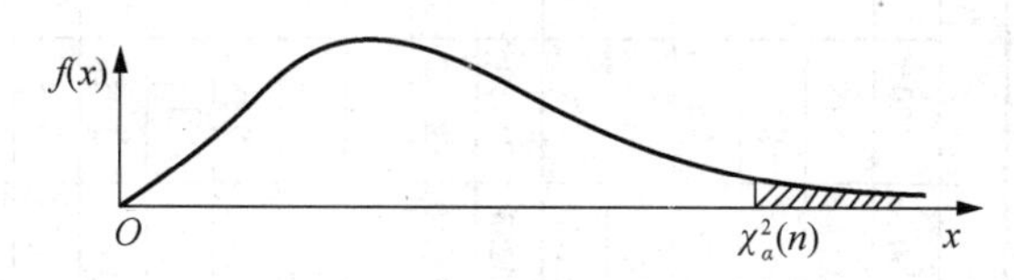

n \ α	0.995	0.99	0.975	0.95	0.9	0.1	0.05	0.025	0.01	0.005
1	0.000039	0.00016	0.00098	0.0039	0.0158	2.71	3.84	5.02	6.63	7.88
2	0.0100	0.0201	0.0506	0.1026	0.2107	4.61	5.99	7.38	9.21	10.60
3	0.0717	0.115	0.216	0.352	0.584	6.25	7.81	9.35	11.34	12.84
4	0.207	0.297	0.484	0.711	1.064	7.78	9.49	11.14	13.28	14.86
5	0.412	0.554	0.831	1.15	1.61	9.24	11.07	12.83	15.09	16.75
6	0.676	0.872	1.24	1.64	2.20	10.64	12.59	14.45	16.81	18.55
7	0.989	1.24	1.69	2.17	2.83	12.02	14.07	16.01	18.48	20.28
8	1.34	1.65	2.18	2.73	3.49	13.36	15.51	17.53	20.09	21.96
9	1.73	2.09	2.70	3.33	4.17	14.68	16.92	19.02	21.67	23.59
10	2.16	2.56	3.25	3.94	4.87	15.99	18.31	20.48	23.21	25.19
11	2.60	3.05	3.82	4.57	5.58	17.28	19.68	21.92	24.73	26.76
12	3.07	3.57	4.40	5.23	6.30	18.55	21.03	23.34	26.22	28.30
13	3.57	4.11	5.01	5.89	7.04	19.81	22.36	24.74	27.69	29.82
14	4.07	4.66	5.63	6.57	7.79	21.06	23.68	26.12	29.14	31.32
15	4.60	5.23	6.26	7.26	8.55	22.31	25.00	27.49	30.58	32.80
16	5.14	5.81	6.91	7.96	9.31	23.54	26.30	28.85	32.00	34.27
18	6.26	7.01	8.23	9.39	10.86	25.99	28.87	31.53	34.81	37.16
20	7.43	8.26	9.59	10.85	12.44	28.41	31.41	34.17	37.57	40.00
24	9.89	10.86	12.40	13.85	15.66	33.20	36.42	39.36	42.98	45.56
30	13.79	14.95	16.79	18.49	20.60	40.26	43.77	46.98	50.89	53.67
40	20.71	22.16	24.43	26.51	29.05	51.81	55.76	59.34	63.69	66.77
60	35.53	37.48	40.48	43.19	46.46	74.40	79.08	83.30	88.38	91.95
120	83.85	86.92	91.57	95.70	100.62	140.23	146.57	152.21	158.95	163.64

注：对于大的自由度，近似有 $\chi_\alpha^2 = \frac{1}{2}(u_\alpha + \sqrt{2V-1})^2$，其中 V = 自由度，u_α 是标准正态分布的分位数.

附表 7　F 分布分位数表 $F_{1-\alpha}(f_1, f_2)$ 表

$P(F \geqslant F_{1-\alpha}(f_1, f_2)) = \alpha$

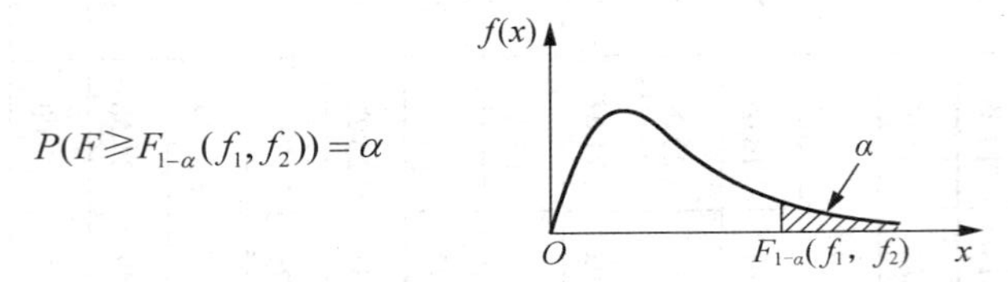

f_2	$1-\alpha$	f_1=1	2	3	4	5	6	7	8	9	10	12	15	20	24	30	60	120	∞
1	0.50	1.00	1.50	1.71	1.82	1.89	1.94	1.98	2.00	2.03	2.04	2.07	2.09	2.12	2.13	2.15	2.17	2.18	2.20
	0.90	39.9	49.5	53.6	55.8	57.2	58.2	58.9	59.4	59.9	60.2	60.7	61.2	61.7	62.0	62.3	62.8	63.1	63.1
	0.95	161	200	216	225	230	234	237	239	241	242	244	246	248	249	250	252	253	254
	0.975	648	800	864	900	922	937	948	957	963	969	977	985	993	997	1001	1010	1014	1018
	0.99	4052	5000	5403	5625	5764	5859	5928	5981	6022	6056	6106	6157	6209	6235	6261	6313	6339	6366
	0.995	16211	20000	21615	22500	23056	23437	23715	23925	24091	24224	24426	24630	24836	24940	25044	25253	25359	25464
	0.999	405280	500000	540380	562500	576400	585940	592870	598140	602280	605620	610670	615760	620910	623500	626100	631340	633970	636620
2	0.50	0.667	1.00	1.13	1.21	1.25	1.28	1.30	1.32	1.33	1.34	1.36	1.38	1.39	1.40	1.41	1.43	1.43	1.44
	0.90	8.53	9.00	9.16	9.24	9.29	9.33	9.35	9.37	9.38	9.39	9.41	9.42	9.44	9.45	9.46	9.47	9.48	9.49
	0.95	18.5	19.0	19.2	19.2	19.3	19.3	19.4	19.4	19.4	19.4	19.4	19.4	19.4	19.5	19.5	19.5	19.5	19.5
	0.975	38.5	39.0	39.2	39.2	39.3	39.3	39.4	39.4	39.4	39.4	39.4	39.4	39.4	39.5	39.5	39.5	39.5	39.5
	0.99	98.5	99.0	99.2	99.2	99.3	99.3	99.4	99.4	99.4	99.4	99.4	99.4	99.4	99.5	99.5	99.5	99.5	99.5
	0.995	199	199	199	199	199	199	199	199	199	199	199	199	199	199	199	199	199	200
	0.999	998.5	999.0	999.2	999.2	999.3	999.3	999.4	999.4	999.4	999.4	999.4	999.4	999.4	999.5	999.5	999.5	999.5	999.5
3	0.50	0.585	0.881	1.00	1.06	1.10	1.13	1.15	1.16	1.17	1.18	1.20	1.21	1.23	1.24	1.24	1.25	1.26	1.27
	0.90	5.54	5.46	5.39	5.34	5.31	5.28	5.27	5.25	5.24	5.23	5.22	5.20	5.18	5.18	5.17	5.15	5.14	5.13
	0.95	10.1	9.55	9.28	9.12	9,01	8.94	8.89	8.85	8.81	8.79	8.74	8.70	8.66	8.64	8.62	8.57	8.55	8.53

续表

f_2	$1-\alpha$	f_1																	
		1	2	3	4	5	6	7	8	9	10	12	15	20	24	30	60	120	∞
	0.975	17.4	16.0	15.4	15.1	14.9	14.7	14.6	14.5	14.5	14.4	14.3	14.3	14.2	14.1	14.1	14.0	13.9	13.9
	0.99	34.1	30.8	29.5	28.7	28.2	27.9	27.7	27.5	27.3	27.2	27.1	26.9	26.7	26.6	26.5	26.3	26.2	26.1
	0.995	55.6	49.8	47.5	46.2	45.4	44.8	44.4	44.1	43.9	43.7	43.4	43.1	42.8	42.6	42.5	42.1	42.0	41.8
	0.999	167.0	148.5	141.1	137.1	134.6	132.8	131.6	130.6	129.9	129.2	128.3	127.4	126.4	125.9	125.4	124.5	124.0	123.5
4	0.50	0.549	0.828	0.941	1.00	1.04	1.06	1.08	1.09	1.10	1.11	1.13	1.14	1.15	1.16	1.16	1.18	1.18	1.19
	0.90	4.54	4.32	4.19	4.11	4.05	4.01	3.98	3.95	3.94	3.92	3.90	3.87	3.84	3.83	3.82	3.79	3.78	3.76
	0.95	7.71	6.94	6.59	6.39	6.26	6.16	6.09	6.04	6.00	5.96	5.91	5.86	5.80	5.77	5.75	5.69	5.66	5.63
	0.975	12.2	10.6	9.98	9.60	9.36	9.20	9.07	8.98	8.90	8.84	8.75	8.66	8.56	8.51	8.46	8.36	8.31	8.26
	0.99	21.2	18.0	16.7	16.0	15.5	15.2	15.0	14.8	14.7	14.5	14.4	14.2	14.0	13.9	13.8	13.7	13.6	13.5
	0.995	31.3	26.3	24.3	23.2	22.5	22.0	21.6	21.4	21.1	21.0	20.7	20.4	20.2	20.0	19.9	19.6	19.5	19.3
	0.999	74.1	61.2	56.2	53.4	51.7	50.5	49.7	49.0	48.5	48.1	47.4	46.8	46.1	45.8	45.4	44.7	44.4	44.1
5	0.50	0.528	0.799	0.907	0.965	1.00	1.02	1.04	1.05	1.06	1.07	1.09	1.10	1.11	1.12	1.12	1.14	1.14	1.15
	0.90	4.06	3.78	3.62	3.52	3.45	3.40	3.37	3.34	3.32	3.30	3.27	3.24	3.21	3.19	3.17	3.14	3.12	3.11
	0.95	6.61	5.79	5.41	5.19	5.05	4.95	4.88	4.82	4.77	4.74	4.68	4.62	4.56	4.53	4.50	4.43	4.40	4.37
	0.975	10.0	8.43	7.76	7.39	7.15	6.98	6.85	6.76	6.68	6.62	6.52	6.43	6.33	6.28	6.23	6.12	6.07	6.02
	0.99	16.3	13.3	12.1	11.4	11.0	10.7	10.5	10.3	10.2	10.1	9.89	9.72	9.55	9.47	9.38	9.20	9.11	9.02
	0.995	22.3	18.3	16.5	15.6	14.9	14.5	14.2	14.0	13.8	13.6	13.4	13.1	12.9	12.8	12.7	12.4	12.3	12.1
	0.999	47.2	37.1	33.2	31.1	29.8	28.8	28.2	27.6	27.2	26.9	26.4	25.9	25.4	25.1	24.9	24.3	24.1	23.8
6	0.50	0.515	0.780	0.886	0.942	0.977	1.00	1.02	1.03	1.04	1.05	1.06	1.07	1.08	1.09	1.10	1.11	1.12	1.12
	0.90	3.78	3.46	3.29	3.18	3.11	3.05	3.01	2.98	2.96	2.94	2.90	2.87	2.84	2.82	2.80	2.76	2.74	2.72
	0.95	5.99	5.14	4.76	4.53	4.39	4.28	4.21	4.15	4.10	4.06	4.00	3.94	3.87	3.84	3.81	3.74	3.70	3.67
	0.975	8.81	7.26	6.60	6.23	5.99	5.82	5.70	5.60	5.52	5.46	5.37	5.27	5.17	5.12	5.07	4.96	4.90	4.85

续表

f_2	$1-\alpha$	f_1																	
		1	2	3	4	5	6	7	8	9	10	12	15	20	24	30	60	120	∞
	0.99	13.7	10.9	9.78	9.15	8.75	8.47	8.26	8.10	7.98	7.87	7.72	7.56	7.40	7.31	7.23	7.06	6.97	6.88
	0.995	18.6	14.5	12.9	12.0	11.5	11.1	10.8	10.6	10.4	10.2	10.0	9.81	9.59	9.47	9.36	9.12	9.00	8.88
	0.999	35.5	27.0	23.7	21.9	20.8	20.0	19.5	19.0	18.7	18.4	18.0	17.6	17.1	16.9	16.7	16.2	16.0	15.7
7	0.50	0.506	0.767	0.871	0.926	0.960	0.983	1.00	1.01	1.02	1.03	1.04	1.05	1.07	1.07	1.08	1.09	1.10	1.10
	0.90	3.59	3.26	3.07	2.96	2.88	2.83	2.78	2.75	2.72	2.70	2.67	2.63	2.59	2.58	2.56	2.51	2.49	2.47
	0.95	5.59	4.74	4.35	4.12	3.97	3.87	3.79	3.73	3.68	3.64	3.57	3.51	3.44	3.41	3.38	3.30	3.27	3.23
	0.975	8.07	6.54	5.89	5.52	5.29	5.12	4.99	4.90	4.82	4.76	4.67.	4.57	4.47	4.42	4.36	4.25	4.20	4.14
	0.99	12.2	9.55	8.45	7.85	7.46	7.19	6.99	6.84	6.72	6.62	6.47	6.31	6.16	6.07	5.99	5.82	5.74	5.65
	0.995	16.2	12.4	10.9	10.1	9.52	9.16	8.89	8.86	8.51	8.38	8.18	7.97	7.75	7.65	7.53	7.31	7.19	7.08
	0.999	29.2	21.7	18.8	17.2	16.2	15.5	15.0	14.6	14.3	14.1	13.7	13.3	12.9	12.7	12.5	12.1	11.9	11.7
8	0.50	0.499	0.757	0.860	0.915	0.948	0.971	0.988	1.00	1.01	1.02	1.03	1.04	1.05	1.06	1.07	1.08	1.08	1.09
	0.90	3.46	3.11	2.92	2.81	2.73	2.67	2.62	2.59	2.56	2.54	2.50	2.46	2.42	2.40	2.38	2.34	2.32	2.29
	0.95	5.32	4.46	4.07	3.84	3.69	3.58	3.50	3.44	3.39	3.35	3.28	3.22	3.15	3.12	3.08	3.01	2.97	2.93
	0.975	7.57	6.06	5.42	5.05	4.82	4.65	4.53	4.43	4.36	4.30	4.20	4.10	4.00	3.95	3.89	3.78	3.73	3.67
	0.99	11.3	8.65	7.59	7.01	6.63	6.37	6.18	6.03	5.91	5.81	5.67	5.52	5.36	5.28	5.20	5.03	4.95	4.86
	0.995	14.7	11.0	9.60	8.81	8.30	7.95	7.69	7.50	7.34	7.21	7.01	6.81	6.61	6.50	6.40	6.18	6.06	5.95
	0.999	25.4	18.5	15.8	14.4	13.5	12.9	12.4	12.0	11.8	11.5	11.2	10.8	10.5	10.3	10.1	9.73	9.53	9.33
9	0.50	0.494	0.749	0.852	0.906	0.939	0.962	0.978	0.990	1.00	1.01	1.02	1.03	1.04	1.05	1.05	1.07	1.07	1.08
	0.90	3.36	3.01	2.81	2.69	2.61	2.55	2.51	2.47	2.44	2.42	2.38	2.34	2.30	2.28	2.25	2.21	2.18	2.16
	0.95	5.12	4.26	3.86	3.63	3.48	3.37	3.29	3.23	3.18	3.14	3.07	3.01	2.24	2.90	2.86	2.79	2.75	2.71
	0.975	7.21	5.71	5.08	4.72	4.48	4.32	4.20	4.10	4.03	3.96	3.87	3.77	3.67	3.61	3.56	3.45	3.39	3.33
	0.99	10.6	8.02	6.99	6.42	6.06	5.80	5.61	5.47	5.35	5.26	5.11	4.96	4.81	4.73	4.65	4.48	4.40	4.31

续表

f_2	$1-\alpha$	f_1																	
		1	2	3	4	5	6	7	8	9	10	12	15	20	24	30	60	120	∞
	0.995	13.6	10.1	8.72	7.96	7.47	7.13	6.88	6.69	6.54	6.42	6.23	6.03	5.83	5.73	5.62	5.41	5.30	5.19
	0.999	22.9	16.4	13.9	12.6	11.7	11.1	10.7	10.4	10.1	9.89	9.57	9.24	8.90	8.72	8.55	8.19	8.00	7.81
10	0.50	0.490	0.743	0.845	0.899	0.932	0.954	0.971	0.983	0.992	1.00	1.01	1.02	1.03	1.04	1.05	1.06	1.06	1.07
	0.90	3.29	2.92	2.73	2.61	2.52	2.46	2.41	2.38	2.35	2.32	2.28	2.24	2.20	2.18	2.16	2.11	2.08	2.06
	0.95	4.96	4.10	3.71	3.48	3.33	3.22	3.14	3.07	3.02	2.98	2.91	2.84	2.77	2.74	2.70	2.62	2.58	2.54
	0.975	6.94	5.46	4.83	4.47	4.24	4.07	3.95	3.85	3.78	3.72	3.62	3.52	3.42	3.37	3.31	3.20	3.14	3.08
	0.99	10.0	7.56	6.55	5.99	5.64	5.39	5.20	5.06	4.94	4.85	4.71	4.56	4.41	4.33	4.25	4.08	4.00	3.91
	0.995	12.8	9.43	8.08	7.34	6.87	6.54	6.30	6.12	5.97	5.85	5.66	5.47	5.27	5.17	5.07	4.86	4.75	4.64
	0.999	21.0	14.9	12.6	11.3	10.5	9.93	9.52	9.20	8.96	8.75	8.45	8.13	7.80	7.64	7.47	7.12	6.94	6.76
12	0.50	0.484	0.735	0.835	0.888	0.921	0.943	0.959	0.972	0.981	0.989	1.00	1.01	1.02	1.03	1.03	1.05	1.05	1.06
	0.90	3.18	2.81	2.61	2.48	2.39	2.33	2.38	2.24	2.21	2.19	2.15	2.10	2.06	2.04	2.01	1.96	1.93	1.90
	0.95	4.75	3.89	3.49	3.26	3.11	3.00	2.91	2.85	2.80	2.75	2.69	2.62	2.54	2.51	2.47	2.38	2.34	2.30
	0.975	6.55	5.10	4.47	4.12	3.89	3.73	3.61	3.51	3.44	3.37	3.28	3.18	3.07	3.02	2.96	2.85	2.79	2.72
	0.99	9.33	6.93	5.95	5.41	5.06	4.82	4.64	4.50	4.39	4.30	4.16	4.01	3.86	3.78	3.70	3.54	3.45	3.36
	0.995	11.8	8.51	7.23	6.52	6.07	5.76	5.52	5.35	5.20	5.09	4.91	4.72	4.53	4.43	4.33	4.12	4.01	3.90
	0.999	18.6	13.0	10.8	9.63	8.89	8.38	8.00	7.71	7.48	7.29	7.00	6.71	6.40	6.25	6.09	5.76	5.59	5.42
15	0.50	0.478	0.726	0.826	0.878	0.911	0.933	0.949	0.960	0.970	0.977	0.989	1.00	1.01	1.02	1.02	1.03	1.04	1.05
	0.90	3.07	2.70	2.49	2.36	2.27	2.21	2.16	2.12	2.09	2.06	2.02	1.97	1.92	1.90	1.87	1.82	1.79	1.76
	0.95	4.54	3.68	3.29	3.06	2.90	2.79	2.71	2.64	2.59	2.54	2.48	2.40	2.33	2.29	2.25	2.16	2.11	2.07
	0.975	6.20	4.77	4.15	3.80	3.58	3.41	3.29	3.20	3.12	3.06	2.96	2.86	2.76	2.70	2.64	2.52	2.46	2.40
	0.99	8.68	6.36	5.42	4.89	4.56	4.32	4.14	4.00	3.89	3.80	3.67	3.52	3.37	3.29	3.21	3.05	2.96	2.87
	0.995	10.8	7.70	6.48	5.80	5.37	5.07	4.85	4.67	4.54	4.42	4.25	4.07	3.88	3.79	3.69	3.48	3.37	3.26

续表

f_2	$1-\alpha$	f_1																	
		1	2	3	4	5	6	7	8	9	10	12	15	20	24	30	60	120	∞
	0.999	16.6	11.3	9.34	8.25	7.57	7.09	6.74	6.47	6.26	6.08	5.81	5.54	5.25	5.10	4.95	4.64	4.48	4.31
20	0.50	0.472	0.718	0.816	0.868	0.900	0.922	0.938	0.950	0.959	0.966	0.977	0.989	1.00	1.01	1.01	1.02	1.03	1.03
	0.90	2.97	2.59	2.38	2.25	2.16	2.09	2.04	2.00	1.96	1.94	1.89	1.84	1.79	1.77	1.74	1.68	1.64	1.61
	0.95	4.35	3.49	3.10	2.87	2.71	2.60	2.51	2.45	2.39	2.35	2.28	2.20	2.12	2.08	2.04	1.95	1.90	1.84
	0.975	5.87	4.46	3.86	3.51	3.29.	3.13	3.01	2.91	2.84	2.77	2.68	2.57	2.46	2.41	2.35	2.22	2.16	2.09
	0.99	8.10	5.85	4.94	4.43	4.10	3.87	3.70	3.56	3.46	3.37	3.23	3.09	2.94	2.86	2.78	2.61	2.52	2.42
	0.995	9.94	6.99	5.82	5.17	4.76	4.47	4.26	4.09	3.96	3.85	3.68	3.50	3.32	3.22	3.12	2.92	2.81	2.69
	0.999	14.8	9.95	8.10	7.10	6.46	6.02	5.69	5.44	5.24	5.08	4.82	4.56	4.29	4.15	4.00	3.70	3.54	3.38
24	0.50	0.469	0.714	0.812	0.863	0.895	0.917	0.932	0.944	0.953	0.961	0.972	0.983	0.994	1.00	1.01	1.02	1.02	1.03
	0.90	2.93	2.54	2.33	2.19	2.10	2.04	1.98	1.94	1.91	1.88	1.83	1.78	1.73	1.70	1.67	1.61	1.57	1.53
	0.95	4.26	3.40	3.01	2.78	2.62	2.51	2.42	2.36	2.30	2.25	2.18	2.11	2.03	1.98	1.94	1.84	1.79	1.73
	0.975	5.72	4.32	3.72	3.38	3.15	2.99	2.87	2.78	2.70	2.64	2.54	2.44	2.33	2.27	2.21	2.08	2.01	1.94
	0.99	7.82	5.61	4.72	4.22	3.90	3.67	3.50	3.36	3.26	3.17	3.03	2.89	2.74	2.66	2.53	2.40	2.31	2.21
	0.995	9.55	6.66	5.52	4.89	4.49	4.20	3.99	3.83	3.69	3.59	3.42	3.25	3.06	2.97	2.87	2.66	2.55	2.43
	0.999	14.0	9.34	7.55	6.59	5.98	5.55	5.23	4.99	4.80	4.64	4.39	4.14	3.87	3.74	3.59	3.29	3.14	2.97
30	0.50	0.466	0.709	0.807	0.858	0.890	0.912	0.927	0.939	0.948	0.955	0.966	0.978	0.989	0.994	1.00	1.01	1.02	1.02
	0.90	2.88	2.49	2.28	2.14	2.05	1.98	1.93	1.88	1.85	1.82	1.77	1.72	1.67	1.64	1.61	1.54	1.50	1.46
	0.95	4.17	3.32	2.92	2.69	2.53	2.42	2.33	2.27	2.21	2.16	2.09	2.01	1.93	1.89	1.84	1.74	1.68	1.62
	0.975	5.57	4.18	3.59	3.25	3.03	2.87	2.75	2.65	2.57	2.51	2.41	2.31	2.20	2.14	2.07	1.94	1.87	1.79
	0.99	7.56	5.39	4.51	4.02	3.70	3.47	3.30	3.17	3.07	2.98	2.84	2.70	2.55	2.47	2.39	2.21	2.11	2.01
	0.995	9.18	6.35	5.24	4.62	4.23	3.95	3.74	3.58	3.45	3.34	3.18	3.01	2.82	2.73	2.63	2.42	2.30	2.18
	0.999	13.3	8.77	7.05	6.12	5.53	5.12	4.82	4.58	4.39	4.24	4.00	3.75	3.49	3.36	3.22	2.92	2.76	2.59

续表

f_2	$1-\alpha$	f_1																	
		1	2	3	4	5	6	7	8	9	10	12	15	20	24	30	60	120	∞
60	0.50	0.461	0.701	0.798	0.849	0.880	0.901	0.917	0.928	0.937	0.945	0.956	0.967	0.978	0.983	0.989	1.00	1.01	1.01
	0.90	2.79	2.39	2.18	2.04	1.95	1.87	1.82	1.77	1.74	1.71	1.66	1.60	1.54	1.51	1.48	1.40	1.35	1.29
	0.95	4.00	3.15	2.76	2.53	2.37	2.25	2.17	2.10	2.04	1.99	1.92	1.84	1.75	1.70	1.65	1.53	1.47	1.39
	0.975	5.29	3.93	3.34	3.01	2.79	2.63	2.51	2.41	2.33	2.27	2.17	2.06	1.94	1.88	1.82	1.67	1.58	1.48
	0.99	7.08	4.98	4.13	3.65	3.34	3.12	2.95	2.82	2.72	2.63	2.50	2.35	2.20	2.12	2.03	1.84	1.73	1.60
	0.995	8.49	5.80	4.73	4.14	3.76	3.49	3.29	3.13	3.01	2.90	2.74	2.57	2.39	2.29	2.19	1.96	1.83	1.69
	0.999	12.0	7.77	6.17	5.31	4.76	4.37	4.09	3.86	3.69	3.54	3.32	3.08	2.83	2.69	2.55	2.25	2.08	1.89
120	0.50	0.458	0.697	0.793	0.844	0.875	0.896	0.912	0.923	0.932	0.939	0.950	0.961	0.972	0.978	0.983	0.994	1.00	1.01
	0.90	2.75	2.35	2.13	1.99	1.90	1.82	1.77	1.72	1.68	1.65	1.60	1.55	1.48	1.45	1.41	1.32	1.26	1.19
	0.95	3.92	3.07	2.68	2.45	2.29	2.18	2.09	2.02	1.96	1.91	1.83	1.75	1.66	1.61	1.55	1.43	1.35	1.25
	0.975	5.15	3.80	3.23	2.89	2.67	2.52	2.39	2.30	2.22	2.16	2.05	1.95	1.82	1.76	1.69	1.53	1.43	1.31
	0.99	6.85	4.79	3.95	3.48	3.17	2.96	2.79	2.66	2.56	2.47	2.34	2.19	2.03	1.95	1.86	1.66	1.53	1.38
	0.995	8.18	5.54	4.50	3.92	3.55	3.28	3.09	2.93	2.81	2.71	2.54	2.37	2.19	2.09	1.98	1.75	1.61	1.43
	0.999	11.4	7.32	5.78	4.95	4.42	4.04	3.77	3.55	3.38	3.24	3.02	2.78	2.53	2.40	2.26	1.95	1.77	1.54
∞	0.50	0.455	0.693	0.789	0.839	0.870	0.891	0.907	0.918	0.927	0.934	0.945	0.955	0.967	0.972	0.978	0.989	0.994	1.00
	0.90	2.71	2.30	2.08	1.94	1.85	1.77	1.72	1.67	1.63	1.60	1.55	1.49	1.42	1.38	1.34	1.24	1.17	1.00
	0.95	3.84	3.00	2.60	2.37	2.21	2.10	2.01	1.94	1.88	1.83	1.75	1.67	1.57	1.52	1.46	1.32	1.22	1.00
	0.975	5.02	3.69	3.12	2.79	2.57	2.41	2.29	2.19	2.11	2.05	1.94	1.83	1.71	1.64	1.57	1.39	1.27	1.00
	0.99	6.63	4.61	3.78	3.32	3.02	2.80	2.64	2.51	2.41	2.32	2.18	2.04	1.88	1.79	1.70	1.47	1.32	1.00
	0.995	7.88	5.30	4.28	3.72	3.35	3.09	2.90	2.74	2.66	2.52	2.36	2.19	2.00	1.90	1.79	1.53	1.36	1.00
	0.999	10.8	6.91	5.42	4.62	4.10	3.74	3.47	3.27	3.10	2.96	2.74	2.51	2.27	2.13	1.99	1.66	1.45	1.00

附表 8　检验相关系数 $\rho=0$ 的临界值表

$n-2$	5%	1%	$n-2$	5%	1%	$n-2$	5%	1%
1	0.997	1.000	16	0.468	0.590	35	0.325	0.418
2	0.950	0.990	17	0.456	0.575	40	0.304	0.393
3	0.878	0.959	18	0.444	0.561	45	0.288	0.372
4	0.811	0.917	19	0.443	0.549	50	0.273	0.354
5	0.754	0.874	20	0.423	0.537	60	0.250	0.325
6	0.707	0.834	21	0.413	0.526	70	0.232	0.302
7	0.666	0.798	22	0.404	0.515	80	0.217	0.283
8	0.632	0.765	23	0.396	0.505	90	0.205	0.267
9	0.602	0.735	24	0.388	0.496	100	0.195	0.254
10	0.576	0.708	25	0.381	0.487	125	0.174	0.228
11	0.553	0.684	26	0.374	0.478	150	0.159	0.2.08
12	0.532	0.661	27	0.367	0.470	200	0.138	0.181
13	0.514	0.641	28	0.361	0.463	300	0.113	0.143
14	0.497	0.623	29	0.355	0.456	400	0.098	0.123
15	0.482	0.606	30	0.349	0.449	1000	0.062	0.081

参 考 文 献

陈希孺，1992．概率论与数理统计[M]．合肥：中国科学技术大学出版社．

陈志芳，李国晖，2016．概率论与数理统计[M]．北京：科学出版社．

华东师范大学数学系，1982．概率论与数理统计习题集[M]．北京：人民教育出版社．

李贤平，1997．概率论基础[M]．2 版．北京：高等教育出版社．

龙永红，2004．概率论与数理统计中的典型例题分析与习题[M]．北京：高等教育出版社．

茆诗松，程依明，濮晓龙，2012．概率论与数理统计教程习题与解答[M]．北京：高等教育出版社．

茆诗松，王静龙，1990．数理统计[M]．上海：华东师范大学出版社．

茆诗松，周纪芗，2007．概率论与数理统计[M]．3 版．北京：中国统计出版社．

沈恒范，2003．概率论与数理统计教程[M]．4 版．北京：高等教育出版社．

盛骤，谢式千，潘承毅，2008．概率论与数理统计[M]．4 版．北京：高等教育出版社．

盛骤，谢式千，潘承毅，2008．概率论与数理统计习题全解指南[M]．4 版．北京：高等教育出版社．

苏志平，黄淑森，2009．概率论与数理统计同步辅导及习题全解[M]．北京：中国水利水电出版社．

王松桂，张忠占，程维虎，等，2011．概率论与数理统计[M]．北京：科学出版社．

魏振军，2013．概率论与数理统计 33 讲[M]．3 版．北京：中国统计出版社．

周纪芗，1993．回归分析[M]．上海：华东师范大学出版社．

（O-7397.0102）

普通高等教育“十三五”规划教材

概率论与数理统计同步辅导

扫一扫

科学出版社 技术分社
http://www.abook.cn

www.sciencep.com

ISBN 978-7-03-058256-0

定价：30.00元

道路与桥梁CAD绘图快速入门

DAOLU YU QIAOLIANG CAD HUITU KUAISU RUMEN

第二版

谭荣伟　等编著

化学工业出版社